大展好書 好書大展

大展好書 好書大展

超現實心靈講座
4

給地球人的訊息

柯素娥／編譯

大展出版社有限公司
DAH-JAAN PUBLISHING CO., LTD.

序言——人類能以笑容迎接即將來臨的21世紀嗎？

本書的內容，包括了地球環境恐怖性的惡化，外星人的來訪，地球這個行星和居住於其上的地球生命的命運，現代文明所產生的各種矛盾，已經迫在眉睫，朝向二十一世紀而生存下去的方法……等等。現在我所想到的，是直接坦白地寫出一些訊息，給珍惜地球的地球人。

我們的地球，正生著重病而痛苦不堪，而其元凶是一種病原菌，也就是我們人類本身，確實令人遺憾！環境汚染排出稱為二氧化碳的劇毒，且繼續異常地繁殖，而將稱為「地球」這個無可取替的生命體戕害得十分嚴重。

在這樣的情況下，地球本身便會將其自然治癒力總動員起來，亟欲滅絕不良的病菌，學會猛烈地衝向病菌，正如我們人類想要治癒疾病一樣，盡力發揮自己體內的自然治癒力。

對於地球這種無形的威力，我們人類究竟是否有能力去抵抗呢？我覺得我們很難去戰勝它。

那麼，該怎麼辦才好？

我認為，我們每一個人最好及早使自己不再是一個病原菌，而應成為地球上良性的微生物。

另一方面，有外星人會從地球以外的星球一一造訪，他們將會迫使我們人類做意識上的變革及地球的開國。我們現在所處的狀況，的確可以說是「地球維新前夕」。

經過如此人類從未經驗過的轉換期之後，我們應如何迎接二十一世紀呢？我們究竟能不能克服這種混沌的紀元二〇〇〇年，邁向一個嶄新的紀元！

我衷心希望，無論男女老少，只要是將來將成為二十一世紀領導者，充滿年輕氣息及勇氣，致力於地球維新的志士們，都能詳讀本書。

目錄

第三章　你能聽得見地球的呻吟聲嗎？

第六章　由所有的人去思考生存下去的方法吧！

目錄

第一章　致力於研究ＵＦＯ的眞正理由

◉希望大家抬頭看看天空……

「你這個人，為何那麼熱衷於追踪UFO的行跡呢?」

像這樣覺得很納悶而提出問題大概不少吧?事實上，我並沒有那麼熱衷，也沒有追踪UFO。

「你在說謊!」

我似乎能聽見有人這麼說，不過因為事實的確如此，所以也無法多加辯解了。我想應該說:「我比任何人都更冷靜地看待UFO問題。」這樣較為妥當吧。

我對UFO產生關心，只不過是由於一些細微的小事而開始。因為偶然的機緣，開始到才開辦不久的日本電視台工作的我，當時，我在台內一直未受重視，正坐著冷板凳，原因是我在所屬的戲劇組所製作的所有節目，都沒有引起轟動造成極佳的收視率。

而檢討失敗的因素，明瞭了當時是家庭戲劇的全盛期，而且，只有描繪大家族和樂融融的溫馨故事才受人歡迎，大行其道。

每天在吃晚飯的餐桌上，全家人都圍在一起快樂地互相交談，交換當天一整天各人所發生的事……，這種千篇一律的劇情，卻大受歡迎。可能因為當時是所謂的高度成長期，而「

家庭關係」這個名詞非常流行的社會現象，所以才有此類的故事，以期讓人們的內心感覺輕輕鬆鬆。

但我心裡明白，心情上永遠無法和衆人一樣，因為當時我認為，家庭雖然是因血濃於水的血緣關係所組成，但若是我們僅依賴這樣的家庭為單位，彼此都回顧古老的家庭關係的話，那倒不如早日擺脫這種關係。

因此，我們所製作的戲劇無論如何都有一個悲劇性的結局，家庭最後都崩散於無形，甚或破碎、毀滅。比方說，每個女兒都會離開家庭自立獨自一人過生活。這樣的劇情，不能有好的收視率也是理所當然的。

電視公司當然不可能坐視像我這樣差勁的導演而不管。

在這樣的情況下，出現了可以收容我這種逆道而行的人的節目，非常適合我一展所長，那就是九〇年結束的長壽節目「11ＰＭ」。

以當時來說，「11ＰＭ」稱得上是一個劃時代的節目。在被人們「遺棄」的深夜時段播出，僅僅這個構想就相當與衆不同。

而且，那是從色彩到社會問題無所不談，和以往節目在風格、型態上全然不同的節目，所以，參與這個節目的工作人員，都不是泛泛之輩，每個夥伴都有兩把刷子，包括我在內，幾乎都是自各班底招兵買馬，集合了精英之士。

這些夥件，都是頗具個性的人，即使對平常的脫衣舞，他們也有各人獨特的見解，而非常執拗於自己的主張，例如A先生，就認為脫衣舞已達到美學及哲學的境界。就是諸如此類的人，隨心所欲地製作了「11PM」，這個節目之所以會播映那麼久的時間，我想秘密就在於此吧。

而且，允許我們做如此突破的製作人，也是一個與衆不同的「怪人」。他幾乎從不和我們打招呼，即使在走廊擦肩而過，他也裝作沒看見人。他和我們交談的時候，頂多是我們的企劃獲得認可。

縱然在那樣的時候，他也不會和我們多說一句話。如果我向他說明：「這次企劃的節目不知您有何意見？」他總是一副心不在焉的樣子，不知聽見了我所說的話沒有。

例如，在談話的中途，他會拿起身旁的電話，開始打起電話來。一下子他又站起來。為了讓他繼續聽我說話，我只好追到洗手間，緊緊跟著臉上露出嫌惡表情的他……，每次都是如此的情形。

「他究竟有沒有在聽？」每個人都十分不安。但是，製作人終究有在聽我們說話。然後，他會簡單地說一句：「那個可以做。」

他說這句話時，是我們正面對工作的考驗之際，他從我後面走過，順便不經意而自言自語般說了這句話。

有時，這句話會在我向他提出一星期之後才說出來。我想，這大概也是製作人一貫的獨特作風吧。

總之，他的外表也很體面。他穿著非常整齊但特殊的服裝，在電視公司裡，是一位十分幹練的製作人，一舉一動都特別引人注目。

在這樣的製作人督導下，我們第一個企劃的便是有關UFO的節目。儘管如此，他一開始並沒有製作UFO節目的意思。

「什麼都可以，就讓你們儘情去做想做的事吧！」製作人向我們這樣說時，我心中想到的只有：「好，我要讓大家看看天空。」

「讓大家看看天空。」當時日本即進入高度成長期，而走在路上的人們，身體都一樣往前傾，走路速度極快，只見每個人都匆匆忙忙地趕著路，根本沒有多餘的時間看一眼路旁的花。

當然，人們也不會仰頭看天空，只是專心一意往目的地快步走。在我看來，這是一種非常可怕的狀況。當時我總覺得，這種精神上毫無餘裕，能從容不迫的狀況，會使人的視野變得狹窄。

無論多麼匆忙的時候，我希望大家能稍微停下來，抬頭看看廣闊的晴空，天空一望無際的雲海，會讓人覺得自己的煩惱是多麼渺小。

因為當時我常有這樣的想法，有位剛起步的電視創造者正好告訴我似乎能證實這種想法的事情。故事主角是當時擔任參議員而活躍於社會的青島幸男先生。

當時，他是一位正開始走紅的年輕創意者，也從事作詞工作。因為彼此都剛在電視界竄起，所以很奇妙地兩人非常談得來。當時他所作詞的曲子中，有一首名為「瘋狂貓」。正確曲名已忘了，但我對「過了一座山，嘿喲、嘿喲」這一段覺得很有興趣，我曾問過他：「你為何寫那樣的歌詞呢？」因為時間已太久了，所以是否確實那麼說並沒有太大的信心……（如果有，就只能說抱歉了）。

當時他是這樣回答的：給他靈感的是報紙某個角落所報導的社會新聞。這則新聞的內容是說，在東北某個貧窮村落裡，某個八口之家的悲慘故事。

一家之長的祖父，用刀子殺害了全家人，隨後自己也上吊自殺。他之所以那麼做的動機，是因為他們一家受到村中人的排斥。

當他們外出時，由於某些原因而受村人排斥的一家人，會在路上遭受村人丟石頭的攻擊，而孩子們也無法上學，總在路上被其他的孩子追趕，所以他們才萌生全家人同歸於盡的念頭。

每當家人遭受排斥時，他們都如坐針氈，日子過得非常痛苦，亟欲離開世界以得到解脫，會有如此的想法也是難怪。

然而，青島先生對這樁悲劇產生了疑問。

「奇怪，如果真要一家人一起死的話，那倒不如一家人都搭乘電車出村，只要越過一座山，那裡就有和村子完全不同的另一個世界在等待著。」

因此，才有了「過了一座山」的歌詞產生。我也深有同感，我對那家同歸於盡的家庭來說，東北的貧窮村落可能便是他們的整個世界。但是，如果越過一座山的話……。

我覺得大家都犯了和他們同樣的錯誤，也就是視野過於狹窄，所看到的世界永遠是那麼渺小。雖然單位不同，但大家都只能看到自己周遭的事物，也只想看身旁的事物。我真希望讓大家注意到這點，所以才想到應該讓大家「多看看天空」。

◉僅僅夢想或幻想不能說是ＵＦＯ

當然，假使是自己描寫天空，那就無法成為節目。縱然是製作人也不會允諾製作這個節目。因此我想出了一個辦法，那就是「在天空中飛行的飛碟」。

當時，還沒有「ＵＦＯ」這個名詞，只有少年雜誌將「在天空中飛行的飛碟」視為一種虛構的東西，予以介紹出來。我便是將「飛碟」當作一個方便解說的名詞，來說明外星人的來訪。

「實際上已經有外星人搭飛碟來了，因此，為了搜尋飛碟，讓我們看看天空吧……。」

但在開始之前，便已發生麻煩了。按照我本來的想法，是隨時切換裝置於電視台屋頂上的攝影棚攝影機，可以隨時攝影或停機，進行拍攝飛碟的工作。

現在，每一家電視台都在屋頂上裝置攝影機，這是一種流行，不過當時並沒有人這樣做。但當我有意在屋頂上裝置攝影機時，技術部便立刻提出意見，他們所堅持的理由，是過去從未有前例。

當我仍堅持這個構想時，他們就問我：「為何一定要把攝影機裝上屋頂？」我回答說：「也許會有外星人搭乘飛碟而來。」聽到我這樣說，技術部部長大為吃驚。

自那時候起，我就有了「外星人」的綽號。

因此，基於這是一個前所未聞的企劃，電視台裡的人對我的風評並不佳。但在這樣的時候，唯一鼓勵我的便是製作人。

雖然是「鼓勵」，仍是以他一貫的作風來表示。當開始播映的當天，在走廊和我擦肩而過的製作人，很少有地向我說：

「導演，如果外星人真的到屋頂上來了，那時你該怎麼辦？」

我頓時立刻不知如何回答才好，不過我還是輕鬆地答道：「果真如此，那就非接待他們不可了。」

「嗯……」正在思考的他慢條斯理地說：「那麼，我就替你留下董事長接待室囉？」

我當時以為他在開玩笑，但當我知道他真的替我留下董事長接待室時，我不禁大為吃驚。那真像是製作人一向的行事風格。

「在有必要的時候，我會做你的後盾。」

製作人的心意，很清楚地傳到我內心。那些拿他沒辦法的工作人員，一句抱怨的話都沒有，只是緊緊地跟隨著他，這全都是因為製作人的人品所使然。

終於要正式裝設攝影機。在屋頂上擔任播報員的是剛進公司的Ｂ。

「啊，剛才有不明飛行物體的探照燈從東向西照過去，那是否就是飛碟呢？不，不是的，很顯然那是日本的飛機ＪＡ，在機體上有白鶴的標誌。」

雖然飛碟沒有出現，但當時已是名播報員的Ｂ所實況轉播的節目，也平安無事地結束了。自那時候起，我仍繼續製作ＵＦＯ的節目，從這點看來，收視率並沒有那麼不好。

就這樣，我和ＵＦＯ開始了一連串「遭遇戰」，形成了密不可分的關係，但當我蒐集情報之後，才開始看見隱藏在其背後的真相。現在，我為了我們所知的情報和事實之間的出入太大，甚至覺得恐怖起來。

有關ＵＦＯ及外星人的問題，是如此被權力階層秘密地管理著。因此，我現在並未成為狂熱的ＵＦＯ信徒及ＵＦＯ迷。毋寧說，對ＵＦＯ我是比較冷靜地看待它吧。

不過，我認為身為一個記者，我是否有義務揭發出一直隱藏著的真相，讓多一點的人知道UFO呢！

另一方面，成為節目原始起點的「希望讓大家看看天空」的心情，現在仍絲毫未變。事實上，我認為我們現在仍未擺脫「視野狹窄」的情況。

對自己的學校雖然心裡不以為然地想著：這樣的學校算什麼，有啥了不起，但每天仍繼續到學校去，即使在公司並不是真心喜歡自己的工作，幾乎所有的人仍是每天乖乖地上班、下班。

開始時，雖是以「隨時我都可以辭職」的心情進入公司，但過了一、二年之後，不知不覺中就無法擺脫「安定」、舒舒服服的狀況。

而過去心裡認為如何演變都無所謂的的公司，開始彷彿成了自己的整個宇宙一般，自己所期待的只是晉陞。如果能升上小股長、小科長，就會為了不輕易放棄好不容易建立的地位，不管上司說了多麼屈辱自己的話也只是藉酒消愁，欺騙自己繼續工作。

雖然偶爾也會有抱怨之辭，但無論如何就是無法擺脫這個地方。這是一個以公司為全宇宙的地方，人們像蜜蜂般辛勤地工作。久而久之，壓力會累積起來，精神上無法負荷，因此，罹有精神疾病的上班族並不在少數。

如果真有毀滅的時候，那也許還有救，但絕大多數的人都是被慢慢逼迫到一籌莫展、不知所措的地步。

因此，現在對他們來說，孩子便是希望之光，他們不希望自己的孩子過這樣的一生，於是必須進入大企業就業，而為此就必須先上好的大學。

為了進入一流的大學就讀，就得上好的高中，而為了進入好的高中，就得讀明星國中，為了讀明星國中，就得讀明星小學、幼稚園，像這樣自幼兒時期便逼孩子努力讀書。據說，連上好的幼稚園的預備學校都因應而生了，所以聽來真是可怕。

這對孩子來說，真的是一個幸福的人生嗎？孩子是否擁有該有的幸福呢？

小時候，我們看見一顆彈珠就像看見一樣非常珍奇的寶物，如果能收集十個彈珠，那更是高興得不得了。現在要買的話，不管一萬個或十萬個也都買得起。但不管擁有幾個，現在彈珠在我們眼中已經沒有當時那樣的光澤了。

某篇新聞報導曾說，現在為了和別人的差異而被逼讀書，連和朋友交往的方法都不懂的孩子正日漸增多。這些現象，我認為都是視野狹窄的惡性循環所致。

無論走得多麼匆忙，你是否有停下來抬頭看天空的閒工夫呢？

停下腳步，頂多不過是一～二分鐘的時間。如果這一、二分鐘的差別攸關著生死，那當然是分秒必爭，但普遍的情況的話，僅僅一、二分鐘之差，約會的對象或做生意的客戶應該會等我們吧。以我的經驗來說，當事情很急迫而需趕路時，稍微停下來的效用不小。

抬頭看天空做深呼吸時，會看到前所未見的景象，突然浮現某種靈感，因此而解決問題的情形也是常有的。無論如何，如何一來，因太急著趕路而發生車禍的情形就不會發生了。這是最起碼的好處。

◉如何否定UFO的存在？

「真的有外星人嗎？假如確實有這種人，那為何他們不在我們面前現身呢？」

對UFO抱持否定論的人，以及各種不同想法的人，都會向我提出這樣的質疑。也難怪他們會這樣問。因為，世界上只有不及一%的人看過外星人及UFO，所以我能瞭解他無法相信的原因。

但如果以更寬濶的觀點來看宇宙，我想這個疑問便可很容易解開了。

我們對宇宙的印象，只是一個太陽系而已。但事實上，太陽系只不過是銀河系中的一個。據說銀河系有像太陽一樣以自力燃燒的恆星，約二千億個之多。

而這二千億個恆星，每個平均至少都有三個行星。這樣計算起來，就變成一共有六千億左右的行星存在於銀河系中。

而且，像天川的銀河系這樣規模的銀河系，在整個宇宙中據說有一千億個之多。如果考慮到這點，那麼宇宙的行星竟然高達六千億個的一千億倍，這種數字，聽起來幾乎會令人昏倒！我們可以認為，在這麼多的星球上，完全沒有具有智慧的生命體產生嗎？

如果考慮到宇宙的時間長度，在地球以外存在著有智慧的生物的可能性就會升高。現在最有力的宇宙創生理論「霹靂說」認為宇宙約生於一六〇億年前。

地球是一個「年輕」的行星，自誕生後，只不過有四六億年的歷史。也就是說，地球誕生之前已經經過一千億年以上的時間。在這段期間內，我不認為地球沒有存在過像我們人類這樣具有智慧的生命體。

著名的天文學家兼物理學家卡爾•塞加博士，獲得少壯的學者弗萊恩•德雷克的協助，曾經計算過，在天川銀河系所存在的和人類同樣程度，或超過我們人類的文明的數目。

根據他們的研究結果，至少大約有一萬個，更多的話，應有一億個高度的文明。

以此數字為基礎，全宇宙至少也有一萬個的一千億倍個，和人類同樣程度或超過人類的文明。這真是一個天文數字。而這些文明中的任何一個的外星人到地球「訪問」，也並不是不可思議的事。

儘管如此，否定論者們還是無法認定這樣的說法。「即使距離太陽最近的恆星半人馬星座的α星，也有四•三光年之遠。縱使其上存在著具有高度文明、智慧極高的生物，他們想到地球來也大約需花上幾千年、幾萬年，因此不可能到地球來。」他們以此反駁相信ＵＦＯ

存在的人。

但我認為，這種論點也有破綻之處。我想原因不外乎：這是他們以地球人的尺度去測量而產生的疑問。

現在我們假定在人類誕生之前的一百億年，某個行星上住著具有智慧的生命體，而他們和人類經過相同的過程，進化為具有智慧的生物。

如果在十萬年、一百萬年，不，一億年以上的期間內，一直在智慧上有所發展，演進到今天的話，他們應該已經建立了超乎我們想像的高度文明。

那不僅是現代人和原始人的差別而已。有人類和猿猴、人類和昆蟲類等程度的差異產生出來，也絲毫不足為奇。

於是，身為下等生物的我們，想要推量對人類來說是遙遠未來的文明，這原本就不容易。即使以太空船的飛行原理來說，也應該有和我們的科學不同的構想。

前述的否定論者認為，從半人馬星到地球之間的宇宙空間，在時間上及距離上都是繼續飛行的。就此意義而言。以新幹線來比喻也許比較容易瞭解。

假定東京車站到大阪車站是一直線，而有一個視力極佳的人，此人能一直看著從東京站開出的新幹線列車到達新大阪站，也就是說，繼續地在時間上及距離上移動。

因為新幹線列車是行駛於地上的二度空間性交通工具，所以有各種限制。從東京到大阪

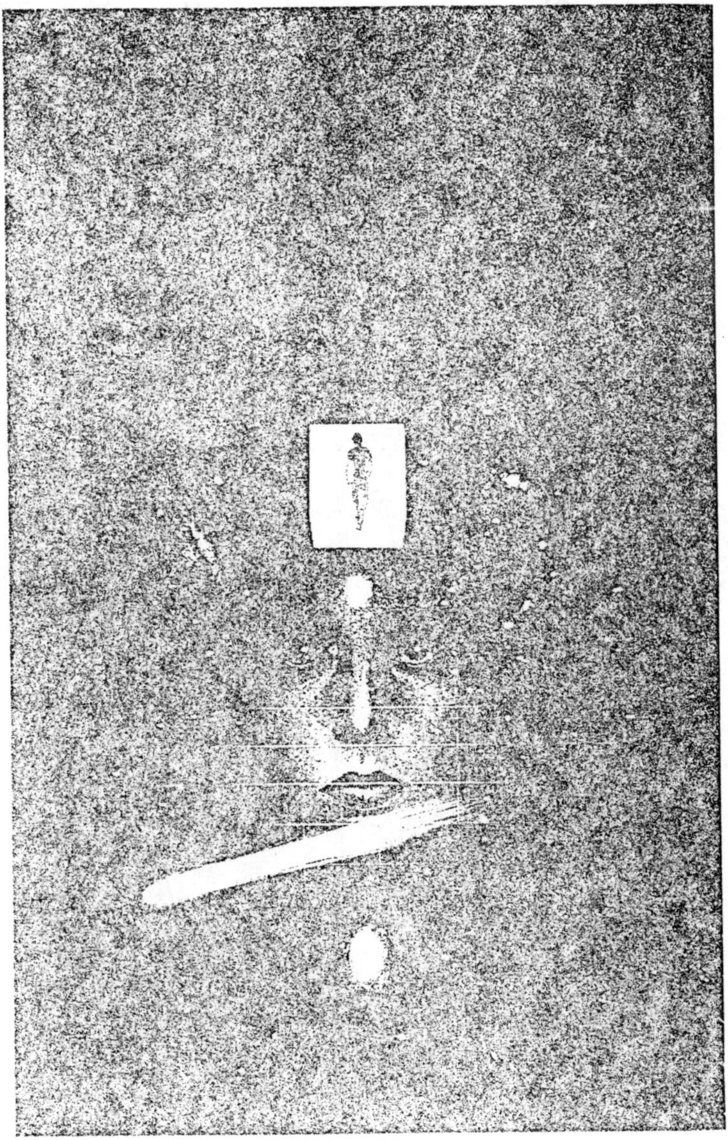

之間這段距離，無論如何提高速度，行駛時間也不會少於二小時。

相對地，飛機的情形又如何呢？因為飛機是飛行於天空這個三度空間，所以僅需三十分鐘便可抵達。

也就是說，使用一個以上的空間時，時間便可令人驚訝地縮短，使用不同高度的空間做移動時，不僅能縮短時間，更因為在不同的空間做移動的緣故，能觀測到不可思議的現象。

現在假定有某人具有能看見地上東西的二度空間眼睛，假使此人看飛機的起飛、著陸，原本在羽田機場的飛機，飛向天空之後，便從其視界消失無踪。

接著，一小時之後，那架飛機突然在大阪機場出現。在這種情形下，剛才那人看來本應在眼前的東西，卻在另一個地方出現，變成如此不可思議的現象。

目擊到UFO的人，多半在報告中提及上述突然出現又消滅的情形。那也許是通過這樣不同的次元（在此情形是四度空間或超過四度空間）的空間，所產生的移動現象吧。

◉如果外星人和人類互相接近而正面遭遇……

那麼，為何外星人不出現呢？答案也隱藏於人類和外星人之間的隔閡中。如果自己站在外星人的立場，便能瞭解這種情形。現在我們假定，在文明度上有一百萬年程度的差別。

以地球來說，這個差別等於是非洲叢林和我們文明社會之間的差別。又假定我們坐上直昇機，在飛行中發現了猩猩的聚落。在此之際，我們會採取什麼樣的行動？我們可能不會立刻降落，在牠們眼前出現吧。因為，我們不知牠們做何想法，而自己也不知如何做出反應。

首先，我們會在上空觀察牠們的生態。在距離牠們棲息地不遠的地方著陸，使用望遠鏡，考察牠們的行為模式。而進一步地，我們應該會調查牠們留在通行路徑的足跡及排泄物，研究牠們的飲食習性。

過了這樣的階段之後，我們將會捕獲個體以進行身體檢查，使用麻醉劑讓牠們昏睡，以不危害自己的方法，捉走一隻大猩猩。

檢查之後，就將牠們留在原處，直到牠們不會發現我們的存在，才放牠們回去。

但是，大猩猩那方面並不知道我們的意圖。如果被我們捕獲的大猩猩會說話，大概會有下面的情況——

被人類捕獲的大猩猩回到其棲息地時，向自己的同伴說出一番「不可思議的經驗」：

「本來我在路上走著，但當我回過神來時，已經躺在地面了。儘管如此，我仍有模糊的印象，有我們從未見過的怪物出現在眼前，十分可怕。我記得他用針刺進我的身體，抽了一些血出來。當時，我非常害怕，那些人當中，也有人有著大而發亮眼睛的奇妙容貌，有些傢伙，則從嘴巴裡噴出煙及火。那一定是惡魔或神……。」

其實，大的眼睛是眼鏡，從嘴巴裡噴出煙及火，只不過是抽煙罷了。

事實上，被外星人誘拐的人類所陳述的光景，和剛才大猩猩的經驗談完全一樣。外星人不會堂堂皇皇地在人類的眼前出現，而當我們不注意時才捉走，這並沒有什麼奇怪之處。

根據學者的推算，自宇宙誕生迄今已有一六〇億年的歷史，想到六千億個×一千億個這麼龐大的行星數量，在其中一個行星和其他行星之間有生物產生的歷史，應比宇宙的歷史更短。但即使是最短的，也應在一百萬年或一千萬年以上。

即使是只有一萬年歷史的庫羅馬約人（舊石器時居住於歐洲大陸的原始人）和現代人之間的差別，如果有一千萬年那麼長遠的歷史，應該有超過猿猴和人類，更高等的生物。人類這一方面，固然能測量猿猴的行為模式，但是，猿猴根本就不知有人類的存在。以外星人來說，他們也許不能理解我們的行為及想法，但如果我們在他們的眼前出現，他們就會突然放出飛彈，或是用戰鬪機進行攻擊，那實在太危險了。

而且，當他們仔細觀察時，更發現人類彼此互相殘殺。而外星人最無法理解的是：如果人類這種生物想順應環境生存下去，那麼為何他們自稱地球人，卻一再破壞地球的環境，在這種情況下痛苦不堪大嘆：「糟糕，污染了環境！」他們這樣進一步推定地球的環境污染而產生錯覺，認為：「人類自以為正過著豐富的生活，其實不然！」

這種情形，不是和大猩猩熱中於彼此使盡力氣掐對方脖子的遊戲很類似嗎？以人類來說，當然很難理解大猩猩為何做那樣的遊戲。

因此，我們也不會在大猩猩想做那樣的遊戲時，向牠們說：「等一等，如果再那樣做會死掉的！」即使如何苦口婆心地向大猩猩說明，提出警告，牠們也不會懂。外星人和地球人之間的關係，也許和人類和大猩猩之間的關係很相似也說不定。

UFO的否定論著，甚至包括我們人類在內的錯誤，是否就在於想以自己的常識去推定一切。

以下是惠泉女學園大學的鈴木一郎教授（比較文化論），親自在亞馬遜深處的部落實際體驗生活的一段插曲。

為了調查某些事情，走進部落裡，過了不久，當他站在河邊時，村中最年輕漂亮的女孩，不知為何以屁股朝向他。他向她莞爾一笑，結果，她不知怎麼想的，竟對他那日本人特有的微笑產生了興趣，而他也就走向她。

不久，和她長得很像的胞兄臉色遽變，一副怒氣沖沖的模樣，一隻手拿著刀子就向鈴木先生砍過來。他頓時目瞪口呆，但還來不及反應時，胸部已被對方嚴重地砍傷。

後來，他才明白，在這個種族裡，如果有年輕女孩子以屁股向著自己時，應「砰、砰」地發出聲音拍打她，這是他們的「規矩」。

這個動作，是在詢問對方：「我漂亮嗎？」而為了表示友善之義，就必須拍她的屁股，好像是說：「妳好漂亮！」

如果不這麼做，就會對她形成一種侮辱，所以，難怪她的哥哥會拿刀子來砍鈴木。

連住在同一個地球、同一個時代的人類，都會因種族的不同而有不同的文化、「規矩」，更何況，在文明上有著極大差別的各星球上的居住者，當然不可能瞭解地球人的文化。

我們會有種錯覺，認為自己的知識無論在任何地方都可通用。然而我認為，我們現在所擁有的知識，只不過是侷限於範圍非常狹窄的一些知識罷了。

「外星人存在與否，並沒有科學上的根據……。」大多數的科學家們，便以這句話抹煞了事實的真相，而且，絲毫不想去研究它。

那是因為，認為現代科學便是唯一知識科學家們，從不放棄他們作為人的傲慢及偏狹。

關於UFO的一切，從未調查過、研究過，而有關UFO的書籍，一本都未讀過的人，一開始便否定UFO的存在，這是我覺得非常不可思議的一點。既然要證實某些問題，就必須有確實的根據，但連自認為有科學精神的人，都有為數不少如此武斷，那又是為什麼？

我總覺得，固執於我們既有的知識、科學的知識、狹隘的知識，使我們看見外星人問題真相的眼睛被蒙蔽了。

◉我目擊到ＵＦＯ的那一天

「你沒有看過ＵＦＯ吧？」常有人這樣問我。

之所以有人這樣問我，都是因為「11ＰＭ」這個節目的主持人大橋巨泉先生不好。巨泉先生在播映「11ＰＭ」所製作的ＵＦＯ專輯時說道：

「奇怪的是，我和導演都沒有看過ＵＦＯ。雖然我們這麼熱心地探究ＵＦＯ……。」

這就大錯特錯了，他似乎深以為我也沒有看過ＵＦＯ。

當時，我本想立刻反駁說：「不，我看過。」但巨泉先生已經立刻轉移到別的話題。

在這種時候，主持人的權限極大的，所以當時我就心想：「算了吧，反正這又不是一個大不了的問題……。」只是保持沈默。

自那時候起，我就常遇到有人像上述那樣問我。但事實上，我至少有三次以上看得清清楚楚。其中特別有印象的一次。一看到就認為「一定是這個沒錯」的目擊經驗，是超能力者尤里・柯拉初次到日本的一九七四年。那一年的某一天，一位女性翻譯及其友人加上我，三人在飯店的花園餐廳飲茶，那是一座可以俯瞰東京的日本式庭園，氣氛怡人。

我被帶到預定的席位，那正好是靠末端最遠的窗邊，向遠處眺望，可以看見新宿副都心。天空晴朗，且幸好視野良好。

時間約傍晚四點左右，離太陽下山尚早，遠處依稀可見高聳入雲的高層大廈。就在此時，京王飯店附近有一個黑色的飛行物體，不斷地盤旋著，若隱若現。

我當時心想：「是不是UFO？」但因為距離太遠而無法確認。說不定是鳥在飛呢，我又想。而在場的人，也都半信半疑。

我開玩笑地：「就算那真的是UFO，也是在那麼遠的地方，我不承認它就是UFO，若要我承認，必須在更近的地方，讓我檢查清楚才行！」

話說到這裡，我們就轉移到別的話題了。當我快忘掉那謎一般的飛行物體時，突然看見窗外浮現了一幕奇景：有放出奇異光芒的物體在飄浮著。

這次距離近了很多，以肉眼來看，那是長三十公分、厚五公分的不明物體。它非常巨大，有如一支大型的雪茄一般，浮在萬里無雲的晴空中。

那一瞬間，我以為是室內的螢光燈反射在玻璃窗上，站起來時，發現它很明顯地靜止於窗外的高空中。

不知如何形容它才好。有無數的光，如反射光一般的物體，也如陀螺一般打著轉，逐漸靠近，像閃光燈似地閃閃發光。那個物體，並不像是這世界所有的物體，異常地美麗。

三人都「啊！」了一聲，好像看見UFO之類的飛行物體似地，眼睛一眨也不眨，身體也僵住了。而其他的用餐客人，似乎沒有一個人注意到窗外的景象。

「是不是要告訴大家呢？」我突然這樣想。但如果看錯了，豈不是貽笑大方？而且，也害怕在大聲嚷嚷之際它就消失無踪了。我的腦海閃過這樣的念頭，於是我默默地注視著它……。不久之後，ＵＦＯ開始由右端向左端消失，終至完全看不見。

這次停留的時間，約有三十秒之久。我們三人，頓時彷彿身上附著的邪魔被驅散了一般，茫然地在原地發呆。不久之後，終於看到有人說：「看外面！」其餘的人也隨著抬頭，一副莫名其妙的茫然狀。而我們三人連一句話都沒有說，便匆匆忙忙地回去了。

現在回想起來，仍覺得不可思議得很。當時，為何我們三人都未交談過剛才所看到的ＵＦＯ呢？也許，當時目擊到ＵＦＯ這個事實，具有那麼壓倒性的衝擊，所以才會有那樣的反應吧。因為已經看到ＵＦＯ，所以應該心滿意足了才是。

「我們很想看一看ＵＦＯ，但總是看不到。」

像這樣表示不滿的人，還為數不少呢！但是，問過他們，發現大部份的人都不太常看天空。這種人，和不買彩劵卻抱怨從未有飛來鴻運的人很類似。我認為，不看天空，就沒有看到ＵＦＯ的機會。

也許有人會反駁說：「沒那回事，我一有空就抬頭看天空，但卻從未目擊過ＵＦＯ！」的確，若是仔細統計分析，在廣濶的地球上空飛來飛去的ＵＦＯ，碰巧從我們頭上通過的機率究竟有多少呢？

縱使ＵＦＯ不斷地飛行於地球的周圍，由北極至南極按照順序通過，從小小的島國日本的上空通過時，那一瞬間極為短暫的。

而且，如果是不依循一定的方向飛行，那麼飛過日本上空的機率將會更低。

就此意義而言，在國土寬廣的美國、南美及蘇聯一帶常有人目擊到ＵＦＯ，這點倒是我頗能理解的。

◉你也是一個優秀的ＵＦＯ觀察者

「看東西！」這句話究竟是什麼意思呢？

首先，物體在反射光，而反射光達到我們的眼睛的網膜裡。而此時，從網膜有微弱的電流傳到腦部去。腦部從過去所儲存的記憶，選擇出和該電氣信號所傳達的映象相類東西，在找出脗合的東西那一刻，才能確認傳到了。

假定，現在眼前有一個杯子。

我們能看見這個杯子，那是因為在腦海裡做過檢索類似東西的作業的緣故，在檢索之中，直到在腦部的記憶映像中發現了類似杯子的東西，才知道「啊，這裡有杯子。」

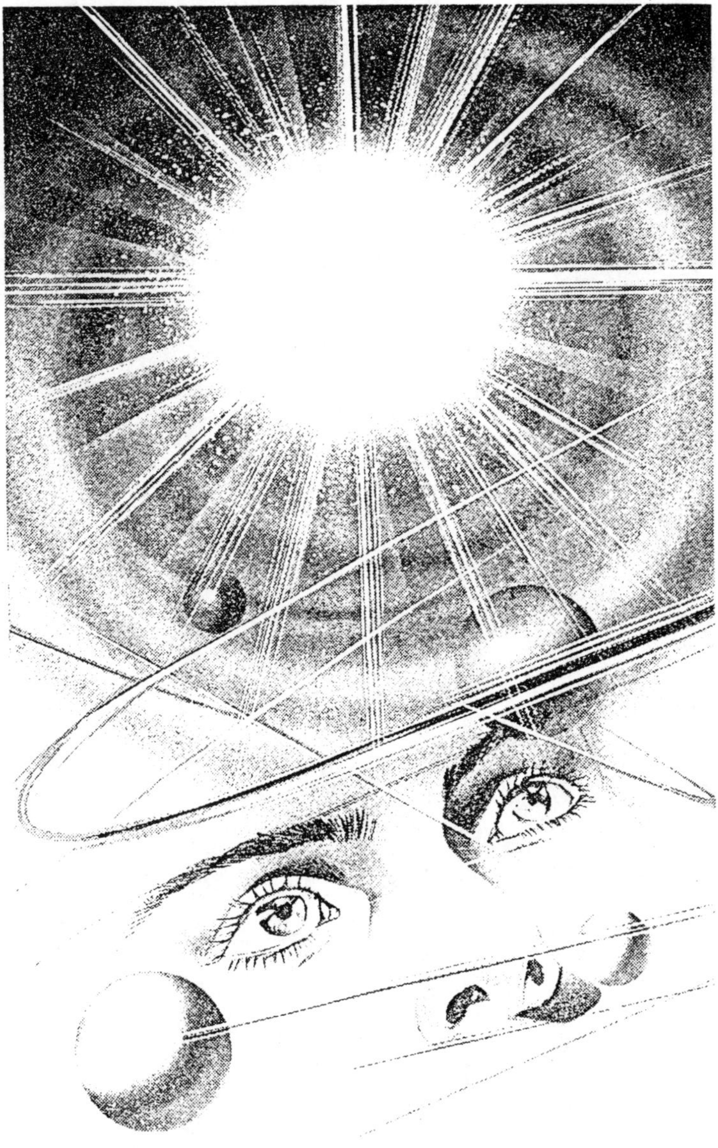

如果它並不是一個杯子，或是根本未見過的東西，那又如何呢？當眼前出現某種東西時，腦海裡會思考著：「那是什麼東西？」也就是說，事實上即使物體近在眼前也看不見，還需經過一番確認的程序。

那麼，UFO的情形又是如何？

就算我們的上空有UFO這種物體，但如果在我們的既有概念中並沒有「UFO」這種東西，那麼會不會變成視而不見呢？

提到UFO時，腦海中的映像只有亞當斯基型及帽子型UFO的人，縱使有半透明、像水母一般的東西出現在眼前，也很可能發生「視而不見」的狀況。

比方說，有人指著天空說：「啊，有UFO！」

此時，在找它的位置問「在哪裡，在哪裡？」的一瞬間，在那人的腦海裡就會浮現自己所具有的UFO的形象，找出脗合該形象的作業也開始進行，而當兩者相脗合時，才確認：「沒錯，那是真的UFO！」

即使回顧自己的體驗，當我們聽見「有鳥！」時，我們也會去尋找自己所知的鳥類的位置。

但假使只是輕呼一聲「啊！」而指著天空的話，又將如何呢？人類似乎原本便可敏感地掌握會動的東西。其結果，一旦有飛機或鳥飛過去時，我們就會看到它。

但是，ＵＦＯ如果是半透明或靜止於空中，又是什麼情形呢？

這種情形，和以毒蛇做實驗的結果很類似。讓毒蛇幾天不吃東西，飢餓下去，等到牠餓到極點時，把毒蛇喜歡吃的蒼蠅綁在繩子上，並垂吊在毒蛇的眼前。

此時，我們以為毒蛇會很快衝過去吃，但不可思議的是，牠似乎沒看見蒼蠅，連看都不看。雖然將死的蒼蠅垂吊在毒蛇的眼前，但那條毒蛇直到餓死為止，一點也不想去吃那些蒼蠅。

看來，毒蛇腦部的回路只對會動的東西感興趣。因為人也是動物的一種，所以也會有同樣的情形產生。無論如何，ＵＦＯ也有可能確實看見卻視而不見的情形。

◉你認為外星人和人類何者比較偉大？

那麼，面對「有人已經看了好幾次，為何我一次都沒看過？」的疑問時，你有何看法？

當然，雖有「偶然」發生的事情，純屬巧合，但也有刻意等而發生的情形，這和釣魚時的情形非常類似。當魚咬上餌時，才知道原來釣魚者是如此拉釣線。如果從未釣過魚，就無法瞭解釣魚究竟是什麼的感覺。

只要看過ＵＦＯ一次，之後就已經習慣於當時的情形，往後會比以前更容易看到ＵＦＯ

——我一直有這樣的感覺。

也許，和頻率也有關。最近的科學告訴我們，現在我們已經知道，在世界上所有的東西都在振動這個事實。

現在你在閱讀的這本書，以及你的肉體，也都有振動數。而當光線照射到物體而反射出來的反射光時，若在人的肉眼所能看見的範圍內，便能看得見。

但是，隨著振動數的提高，眼睛就看不見了。紅外線、紫外線等光線，振動數愈高便愈無法以視覺去捕捉。

另一方面，振動數太低時也無法以肉眼看見。舉例來說，因為聲音是低頻率，所以肉眼看不見，只好用耳朵去聽。

換言之，一切東西都是某種頻率，而且是某一範圍之內的頻率時，人的眼睛才看得見。而這個可視範圍有個人的差異，每個人都不盡相同，是否因此而形成有人看得見ＵＦＯ，有人卻看不見的差別呢？

比方說，吹給狗聽的犬笛的聲音，是人聽不見的低頻率，所以我也聽不見。但狗聽得很高興。在這個世界上，也許有和狗一樣聽覺極佳的人吧。

還有，有時拍照時也會照到肉眼看不見的東西。所謂的「心靈照片」便是此類的東西。這可能是因為底片的感光能力比人的可視能力更強，才會產生令人恐怖的靈異現象。

UFO的照片，也有雖肉眼看不見但在照片上照出來的情形，這種情形，就相當於上述的「心靈照片」。

因此，和底片一樣，一般人之中，有人可以看見無法以肉眼捕捉住的影像，而有人則看不見，只有那人看得見，這種情形也極有可能發生。

同樣地，當UFO在某一瞬間達到可視範圍極限的振動數時，就有可能發生有人看不見的情形。

還有一個可能被列入考慮的因素，感覺到這種波動是感覺敏銳與否的問題。我們感覺有東西靠近時，不僅是觸覺而已，總覺有一股波動，回頭一看，真有人或貓。這種經驗，相信任何人都曾經有過。

如果有某種東西靠近，但感覺敏銳的人和感覺遲鈍的人，在感覺有UFO降臨或沒有UFO降臨這種感應上，也有不同的差異。

會感覺到UFO的波動的人，總是會有一種感覺在隱隱提醒著他，有如第六感一般，而抬頭看天空時，果然有UFO在不遠處！

然而，在論及UFO時，重要的並不是夢或浪漫。如果只侷限於這些範圍的話，科幻影片還更有魅力得多，不如看這些影片來得快樂。那麽，重要的是什麽呢？

我認為我們應先建立一種想法：當外星人到地球來而俯瞰整個地球時，他們會怎麽想？

這才是重要的一點。如果不以如此高瞻遠矚的眼光，以廣濶的視野去看整個地球，那麼，我們對這個時代的認識必有錯誤，無法預見未來。

還有一點也很重要的，那就是去思考「外星人究竟是什麼樣的生物？」

外星人會不會像我們一樣打架、爭吵？會不會賺錢？會不會打仗，而且常打敗別人？性方面又是如何？他們如何生孩子？

當我們在思考這些問題時，我們會一直將他們和我們做比較。因為他們的精神構造可能不如我們人類一般繁複，所以他們可能不會扯別人後腿，挖空心思做一些損人利己的事。諸如此類，人們開始反省自己的生活。

這樣做的結果，人類會注意到自己是宇宙中唯一具有智慧的生物，而開始傲慢起來，以為人是無所不能的。

至少我也曾經如此。我從事於UFO問題方面的研究，實際上便是基於如此的心態。大多數和UFO有關的人士，都為了要從科學上證明UFO的存在而燃起一股熱忱。但正如前述，我們的科學只不過是初步的階段而已。

用這種科學，想要證明比我們進步太多的文明的存在，我想這件事本身便不容易。與其這樣做，還不如實際上以UFO問題為中心，包括我在內，大家確實進行檢討，人類應注意到自己的傲慢，恢復謙虛的一面，我想這樣才更有意義吧。

第二章　要談外星人至少應懂這些事

◉你知道外星人已經降臨的證據？

「我很難相信，現在已經有ＵＦＯ或外星人來到地球了……。」

現在有這樣想法的人，大概不在少數吧。

我在尚未從事於研究ＵＦＯ問題之前，也曾對ＵＦＯ的存在抱持莫大的懷疑。即使是有外星人及ＵＦＯ已經降臨的可能性，也根本無法相信他們一定存在或飛翔著。

然而，當我一再地追究事實真相之後，開始出現了只能認定為外星人已降臨的證據，這些證據接二連三地呈現在眼前，令人愕然於這便是事實的真相。

成為ＵＦＯ及外星人的存在決定性的證據，其導火線是一九七四年美國制定了「情報自由法」。

如各位所知，這項法律是導因於尼克森總統的水門事件，美國的大衆為了不希望再發生類似的事件，為了監督政府，主張人們有知道一切情報的權利，基於此而成立了「情報自由化」，其中定有諸如「當市民對政府機關有所要求時，除非會形成國家安全的重大威脅之後，否則都應公開」之類的劃時代性內容。

根據「情報自由法」，一九七七年九月二一日，亞利桑那州某市的ＵＦＯ研究團體ＧＳ

W（地球飛碟監視機構）的威廉•史波岱克會長，以CIA（中央情報局）為對象提出UFO情報公開的訴訟。

結果，CIA於一九七八年一二月一四日公開了多達三九七件的UFO相關文件。

而實際上公開發表的是其中的三四〇件，九三五頁極高度機密的公文，以此為出發點，之後空軍、NSA（美國國家安全局）、五角大廈、FBI（聯邦調查局）等掌握UFO情報的機構，雖不情願但也逐漸公開一些極機密的文件。

其中帶給人們衝擊的，莫過於從FBI的卷宗中所發現的一份備忘錄，這是由華盛頓所屬的SAC（戰略空軍司令部）發給FBI局長卡爾•荷頓的機密文件。

在這份秘密文件上，為了保持一部分國家的機密，內容被塗上了墨，儘管如此，還是能清楚地看到極具衝擊性的事實。

日期是一九五〇年三月二二日。

「主題——有關飛碟的情報——

下面的情報，來自某某先生。根據空軍某情報調查官的消息，在新墨西哥州發現了三架所謂的UFO——也就是在空中飛行的飛碟——並被回收了。那些飛碟，有圓盤的形狀，中央部分鼓起，直徑約五〇英呎（一五公尺）。

在每一個UFO裡，有三具和人類模樣相似，身高三英呎（九〇公分）的生物遺體。他們每個人都穿著金屬製、織目極細的布料，而以超速或高速飛行的駕駛員所使用的防止失神用的衣服固定著。

這項情報的提供者某某先生，分析這件事說：

『UFO在新墨西哥墜落，會不會是因為設置於這地方一帶軍方強力雷達站、調查UFO的機器太多，受此影響，UFO才引起故障，進而失去控制呢？』

關於以上的事件，某某先生並沒有繼續做追蹤調查。」

在這份文件中，很清楚地記載著：不僅UFO而已，連外星人的遺體也被回收了。據說：這些UFO的殘骸和外星人的遺體，已被送至新墨西哥州的卡特拉德空軍基地。

卡特拉德空軍基地是以往便不斷有UFO及外星人出現的傳聞的地方，一九八〇年八月，甚至發生了UFO的著陸事件。這並不是推測或傳聞，而是記載於軍方報告書上的事實。

「一九八〇年八月九日，上午零時二〇分左右，塞迪亞警備隊的值班人員正在檢查巡邏位於可約底溪谷東方的警報設施時，在一棟建築物的背後，發現了發光的物體。

開始時，值班人員以為那是直昇機，但開車接近它時，才知道那是圓盤型的飛碟。本來

想用無線電通知隊上，但不知為何就是無法通訊。從車上下來，拿著槍欲接近它時，突然，那個物體垂直往上飛去，提高速度遠離了。」

最近，有某件恐怖的美國政府極機密文件，經由非正式的管道公開了。一九八七年，住在羅沙塞爾斯的UFO研究家詹姆斯•西恩特里家，收到一封來歷不明的厚重信件。

裡面有尚未沖洗出來的三五厘米底片，將它沖洗出來之後，出現了可能是美國政府超機密文件的副本。

包括有關文件在內，在共九頁的機密文件的第一頁，記載著「最高機密」，而標題為「預備說明書：MJ—12作戰」。

日期是一九五二年十一月十八日，令人驚訝的是，收件人是杜魯門總統的繼任者艾森豪總統。

原來，那是第三十三任總統杜魯門留給第三十四任總統艾森豪，有關外星人問題的事前說明書。因為無法介紹給所有的人，所以在此只將重要的部分摘錄出來：

「MJ—12作戰亦即極機密調查開發／情報作戰，而且只由美國總統負責。此作戰計劃，是在根據一九四七年九月二四日杜魯門總統的機密行政指令所設置的MJ—12委員會的控制下而實施。……MJ—12委員會的成員如下：羅斯科•畢雷卡塔總督、哈奈帕•布希博士、詹姆斯・法蘭斯達國防部長、那沙・德瓦尼科將軍、荷特・巴迪佩克將軍、德里布・鮑洛克博士、詹姆斯・哈塞卡將軍、西頓尼・沙威亞茲先生、柯特・庫雷先生、塔那爾特・麥西爾博士、羅巴特・莫塔基將軍、羅德，巴克奈博士。

……軍方進行了對於許多目擊者的採訪，以及使用飛機追蹤ＵＦＯ的行方，努力於解明飛碟事件。但全都終於失敗。……不過，有某位牧場主人通報說，有一架類似飛碟的物體墜落在羅茲威爾陸軍航空基地（現在的威卡弗爾基地）西北方七五公里附近地方，事態才有了進展。

一九四七年七月七日，為了進行科學分析，開始回收這個物體的極機密作戰。在此作戰計劃中，利用偵察部隊的飛機，發現了當ＵＦＯ即將爆炸之前脫離ＵＦＯ的四具屍體，那是類似人類的小生物。這些屍體墜落在距離ＵＦＯ殘骸東方二公里之處。

……這些屍體，為了進行特別的科學調查而被移送到各處。另外，ＵＦＯ的殘骸也被分散送到幾個地方。

我們讓此事件的相關市民，以及軍方的相關人員立誓絕對保守秘密，而成功地對大衆傳播媒體發出了「殘骸是氣象觀測用的氣球墜落」的假情報，使大家信以為真。

……以鮑洛克博士為中心，舉行了這四具屍體的分析。這些屍體外表上略似人類，但在遺傳學、生物學上的進化過程，則和地球上的人類全然相異。這是迄今為止暫定性的分析結果，而在尚未確定之前，鮑洛克博士的小組命名這些生物為『地球外生物體』或『EBEs』。」

距今約四十年之前，美國政府不僅早已設立了外星人問題的最高機密組織MJ—12，而且也早已有了回收外星人遺體及UFO殘骸的行動。

這份MJ—12文件，已經發現了能證實外星人存在的證據，至少在上面記述的內容，認為外星人及UFO確實存在的可能性升高了。

例如，飛碟事件當時在當地的報紙第一版被大幅報導。我本身去和那些從事於回收作業的軍方相關人士，以及第一位發現者的兒子見面，採訪的結果，更聽到只能認為的確有過UFO墜落的證言。而且，也從美國空軍的公文中，找出了很多可以證實事件可靠性的記述。

◉更具衝擊性的公文

在UFO史上很有名的NSA（美國國家安全局）的「UFO的假設及生存問題」，是一份局內視為秘密，只在高階官員之間傳閱的機密文件。這份文件，也因為情報自由法的實施，目前已知道有其存在。上面有一條附註說，它是於一九六八年完成，而於一九七九年被解除機密。以下是這份極機密文件的節錄。

「關於ＵＦＯ現象是什麼此一問題，舉出所能想到的主要的假設，而關於人類為了延續生命這方面有何說法，做了如下的檢討：

一、所有的ＵＦＯ都是假的，都是捏造出來的假設。

謊言並不會持續得很久，其地域也是有限的。再者，一般而言科學家是不會輕易加入說謊行列或捏造事實的。儘管如此，有許多信賴科學家們的人目擊到ＵＦＯ，或報告說他們遇見了ＵＦＯ。另外，ＵＦＯ現象的本身，自遙遠的古時候便在世界上被人們目擊到了。如果也將這些事一併列入考慮，這項假設就不適當了。

二、所有的ＵＦＯ都是幻覺的假設。

我們都知道，集團幻覺這種事是極為罕見的。再者，有時雷達也會誤測氣溫的逆轉層。不過，有很多科學家及政府職員、工程師、軍方重要而足以信賴的高官、技術人員等等，都同時目擊了同一事件，在目擊的同時，ＵＦＯ已經被雷達發現。這種事件，已經發生若干次。而且，也發現了物理性的痕跡。如果一併考慮各別的證據及證言等事實，這項假設也有其可能。

三、認為所有的ＵＦＯ都是自然現象的假設。

、如果這項假設是正確的，那麼，我們的對空監視系統本身的有效性就有必要重新做一番檢討。經過一再訓練的對空監視員們報告說，他們目擊了高速、高性能且在高空飛行的飛機，或是像飛碟一般的UFO，而且雷達也很清楚地發現了可以認定為不明物體的飛行物體。如果像這樣的飛行物體是從蘇聯飛來，就有可能做出錯誤的報告，以為遭受敵方的突襲，說不定因此而引發全面戰爭。

另外，居於負責地位的很多軍人們，有著忽視UFO現象的精神盲點，相反地，假使敵國開發了類似UFO現象的兵器，那就很容易侵犯我國的領空。

如果躲避雷達的偵測，或引起非常嚴重的電磁障礙的UFO現象，全都是自然現象的話，那麼，我國就有必要認真地研究，將它視為克服敵方防空系統的武器而加以應用。

四、認為UFO是地球的秘密實驗武器的假設。

這項假設，被認為可能性極大，對於敵國的諜報活動更需積極地投入，今後仍有大大研究的餘地。

五、認為UFO的一部分是否為地球以外具有智慧生命體的產物的假設。

如果UFO的一部分是「他們」的產物的話，那麼他們有可能是，比我們人類高度很多的文明。

六、評論。

UFO的問題，是攸關地球文明存亡的重大問題。過去科學們在應付這個緊急的問題時，一直採取過度悠閒的態度。假使聽到有警告說「森林中有響尾蛇」的話，任何人都應該會迅速地採取防衛對策才是。我們在此發出警告：在處理UFO問題時，有必要採取如此的態度！

NSA是負責保障美國安全的重要組織。在這樣的組織裡，不可能開玩笑地製作此類文件。

而且，上面所介紹的公文，只不過是其中的一部分而已。除了一九七四年經裁判而未公佈的五七件公文之外，CIA還有許多其他政府機關有關UFO的文件。

其內容如下：

(1)有關空軍方面——七六件
(2)有關國立公文館方面——一件
(3)有關國防情報局方面——十九件
(4)有關陸軍方面——三十件
(5)有關海軍方面——十一件
(6)有關國家安全局方面——十八件
(7)有關國務院方面——四一件

我們很難斷言說，這些全都是捏造出來的公文。即使是CIA的五七件公文，也因為它

談到來自宇宙的威脅時，讓我們想起終戰後以聯合國最高司令官身分訪日的麥克阿瑟將軍，他也曾發表過重要的談話。一九五五年十月八日的紐約時報上，刊載了如下的將軍談話記錄：

「我國和世界的人民，應該開始結為一體以準備應付將來的行星之間的戰爭，加入所謂的『星際大戰』。地球上的各國，有一天終將必須應付來自其他行星向我們發動的攻擊。」

他進一步於一九六二年對美國陸軍官校畢業生演講時說：

「我們現在即將面對無限的宇宙，以及隱藏於其間不可測知的敵人。也就是說，我們現在正在檢討如何控制宇宙的能源，以及有關其他星球到地球上來的那些可惡種族之間的鬥爭。下一次即將來臨的戰爭，並非地球上國家和國家之間引起的第三次世界大戰。我們所能想到的，是星球和星球之間的戰爭。地球世界的所有國民，將必須開始團結一致去面對此問題。」

聽起來似乎非常離譜、荒謬，但麥克阿瑟為何幾度提及此類話題呢?事實上，這是有跡可循的。

本來，UFO經常被人目擊的時候，正值第二次世界大戰之際。去參加戰鬥的官兵們，在太平洋和大西洋兩個戰場，一再目擊到來歷不明的怪異物體。

那是精通於UFO情報的人所熟悉像謎一般的戰鬥機（也稱為幽靈戰鬥機），且圓而發亮的飛行物體。

這種戰鬥機，有時會追蹤轟炸機及戰鬥機而來，但從未向這些機種發動攻擊。聯合國方面，推測這是否為了磨損駕駛員的神經，使敵方失去鬥志的最新秘密武器，而使用者正是納粹或日本。

但當戰爭結束之後，納粹方面居然也說：他們也以為那是聯合國方面的心理作戰武器。向日本及其他世界各國打聽，任何地方都沒有相當於那種東西的飛行物體……。在這樣的情況下，至少美、英、法、蘇這四大戰勝國的首腦們，應該已經對ＵＦＯ是來自地球以外地方有所認知才是。

當時身為軍方高階官員的麥克阿瑟將軍，當然也已得知此消息。因此，完全是軍人出身的麥克阿瑟將軍，可能因此才一直警告世人來自宇宙的威脅吧。

無論如何，既然有很多公文及世界要人幾度針對ＵＦＯ及外星人問題發言，所以我們只能認為外星人已經到地球來的確實證據應該不少。愈追蹤外星人的問題，就愈浮現於外星人的存在是一個無庸置疑的事實這種客觀性證據。

◉外星人的存在就這樣被封鎖了

各位是否覺得納悶，既然外星人到地球來的次數那麼地頻繁，那麼，應該在每天的報紙及電視新聞上都有該類的報導。

的確，如果外星人已經來到地球的話，這件事應該是最重大的新聞。

但是，我們從未在報紙的第一版看到關於外星人的報導，也幾乎沒有一則新聞是認真處理UFO問題。因此，真令人想認為「有UFO來到地球」這件事根本是個謊言！

但事實上，我們之所以會有如此的想法，是因為想控制UFO及外星人存在的作戰奏效了。

一九五三年一月一四日，由美國空軍提倡並成立了「有關UFO現象的科學調查委員會」，通稱為「羅勃遜通訊會」。顧名思義，這是集合了美國的第一線科學家們，為了解開UFO現象之謎而召開的咨詢會。經過五天的研討之後，所提出的答辯，以當時來說是非常進步的。

「我們勸告世人：將UFO的情報全面性地公開，同時，也應該設法擴大藍皮書調查研究能力的量及質。」

所謂藍皮書，便是當時美國空軍正在進行的以ＵＦＯ的調查研究為目的計劃。

這份藍皮書本身，也扮演了掩飾ＵＦＯ情報的角色，不過，問題在於咨詢會真正的答辯被埋藏掉此一事實。

所提出的答辯，是認為「ＵＦＯ的相關情報應該不要讓一般大眾知道」的假答辯。結果，其結論是：這個世界上根本沒有ＵＦＯ這種東西的存在，也沒有調查的必要。在這種情形下，空軍在ＵＦＯ方面的情報蒐集工作便中止了。

而假的答辯書捏造事實的背後，在暗地裡活動的似乎正是ＣＩＡ。當時擔任咨詢會議長一職的羅勃遜博士，後來被人揭發其本身便是ＣＩＡ的秘密工作人員。而且，自從「情報自由法」成立之後，由一些公文也已經知道：ＣＩＡ在這段時候已經有了對一般大眾隱瞞ＵＦＯ的具體計劃……。

也就是說，在咨詢會的議事錄上，連「為了讓一般大眾不相信ＵＦＯ現象的教育計劃」都記載上去。其中之一，是所謂的「暴露計劃」，說得簡單一點，那就是設法讓一般大眾輕視ＵＦＯ問題的作戰。這實在是非常巧妙地掌握人們心理的一種作戰。

「本咨詢會認為：為了使一般大眾不相信ＵＦＯ現象的教育計劃，絕對有其必要。

這項計劃，必須包括訓練計劃及暴露計劃兩部分。

⑴訓練計劃

其目的，在於訓練誤認UFO為流星、大氣現象、氣球、飛機等。為此，必須對軍方相關人員、民航相關的雷達站工作人員、駕駛員、航空管制官等等，進行再教育。這樣一來，便可清楚地辨別真正的UFO及敵國的航空武器，進而能避免情報的混亂。

⑵暴露計劃

其目的，在於利用電視、電影、廣播等一切大衆傳播媒體，進行「讓一般大衆輕視UFO問題的作戰」的活動（將UFO說成那只是對自然現象及氣球的誤認所造成而已，是微不足道的事）。而為了進行活動，其方法如下：

⒜給大家看以假亂真的UFO影片。

⒝在下一個階段，暴露在衆人眼前作為觀賞之用的片子，是以黃昏時分為背景。用透明的繩子將飛碟型的盤子吊在半空中，而自由自在地移動它，展現技巧，或說那是將氣球或鳥看錯，只不過是錯覺而已，如此揭開UFO的真相。

因為一開始大家都覺得「真不得了！」所以便信為真，到第二階段巧妙地運用技巧時，便能期待衆人在心理上產生雙重的效果。

⑶這項計劃，除了心理學者之外，也必須有大衆傳播媒體相關人員、廣告宣傳的專家等人員。另外，業餘的天文學者也是重要的人才。

⑷當ＵＦＯ進一步在廣泛的範圍出現，而被許多人目擊到之後，民衆的ＵＦＯ研究團體，可能會對大衆造成一些影響。因此，有必要經常監視他們的行動。」

ＣＩＡ這種巧妙的隱瞞作戰計劃，是否也影響到各國呢？否則，為何大多數的人都深以為ＵＦＯ及外星人根本是一種海市蜃樓般的幻影？

同時，我推測美國政府可能也已經想好，當他們面對必須將真相向大衆公開的情況時的做法。前述的ＭＪ—12文件的最後，明白記載了如下的事項：

「……為了預備到了非將此事實向大衆公佈不可的時候，我們必須想好『非常狀況』的計劃ＭＪ—１９４９—04Ｐ／78。」

看後來ＣＩＡ的做法，其大致情形如下：

首先，將捏造物的情報，也就是不同的訊息，和真正的情報混在一起，而經由一般大衆絕對無法知悉的管道散播出去。如此一來，即使一般大衆開始發生騷動，也能揭露不同的訊息而加以否定。

同時，也能向一般大衆洩露一部分的真相。當到了非將真相傳達出來不可的時候，如此做也能預備好讓大家接受的說辭。

當然，即使是真正的情報，也不能直接經由政府機關散播出去。只能全部視為來源不明的情報，經由民間的UFO團體及UFO研究家傳播。這樣一來，就算大衆後來知道那是假的情報，政府也能辯白說：他們一直都不知道事實真相。

MJ—12文件便是一個好例子。有一天，這份文件突然被寄給一位UFO研究家，而寄件人究竟為何人無從得知。如此一點一點地將機密洩露出去之後，再歸檔為「極機密情報……」。這是實在非常巧妙的情報操作法。

我認為現在已經開始了有意圖的對UFO真相的「洩露」，以及對一般秘方的洗腦活動。舉例而言，《第三類接觸》、《外星人》等很賣座的電影，便是其中之一。

也有為數不少和UFO有關的人士，認為這些電影事實上是以由美國政府提供UFO的情報為目的，而且只是此計劃的一部分而已。

《第三類接觸》及《外星人》很奇怪地並沒有續集或第二集。那麼暢銷的電影，應該可以認定一定會製作續集才是，這是令人懷疑的地方。

至少，這兩部電影是在特別的意圖下製作出來的吧。

果真如此，美國政府的計劃目前正確實地產生成果了。因為，這一連串的電影已經確實地刻劃在我們的腦海裡，使我們產生外星人的影像及UFO的模樣。

即使是MJ—12文件，也很可能是和美國政府有關的人員特意洩露出來的。

外星人情報的政爭——我認為這件事已經開始了。

◉權力者開始洩露極機密情報

一九八九年，蘇聯波洛茲市當地的孩童目擊到身高三～四公尺、三個眼睛的外星人，引起一大騷動。另外，在西伯利亞也出現了同樣的外星人，而有很荒謬的報導說，當地的新聞記者曾藉著心靈感應和他們交談，且有很多人目擊了UFO的大編隊。

這些新聞，細部的情報及前後的發展都很容易瞭解，但對於其可信度如何，卻留下了一個疑問。

不過，不管其可信度如何，我們必須注意的是：這些報導是經由蘇聯國營的通訊單位塔斯社，向全世界發表這項事實。

雖然蘇聯當時正在進行改革而實施了情報公開政策，但這種做法實在太唐突了。UFO的騷動如果進一步擴大的話，也絕不會引起社會的恐慌。

對於本來就因為急劇的改革而深感困惑的蘇聯人們來說，有必要給他們這種「口味」的新聞。為何現在才開始從蘇聯流傳出一連串的UFO情報呢？

為了解答這個問題，只注意在蘇聯一個國家所發生的並無濟於事，另一個UFO的先進國美國的情形又如何呢？

過去，美國一直宣傳說UFO及外星人完全是假的、捏造的，認為人類才是宇宙獨一無二的生命體。而造成這種體制崩潰的，正是情報自由化的成立。

以上所述，根據一九七四年所制定的法律，有一部分的UFO研究團體及市民團體開始提起訴訟，而從CIA、NSA、FBI等機構視為極機密的文件中，發現了從未公開的情報。

然而，最近進一步開始洩露出上面加了「超」字的機密情報及資料。令人們震撼的MJ—12文件，前美國空軍威廉·伊克里西先生所供應的夢幻般超極機密文件藍皮報告書No.13的存在……。

除此之外，還有許多最高機密，從現役的秘密情報幹員堂而皇之地流傳開來。

當我們閱讀美國一連串的資料之後，就會覺得似乎能看見蘇聯UFO騷動底層的真相。這種情形，看來好像是美、蘇兩國聯合起來一起洩露UFO情報似地。

此時，浮現在我們腦海的是，一九八五年十一月雷根、戈巴契夫會談時兩位首腦人物的發言。據說，雷根向當時的蘇聯共產黨總書記戈巴契夫說：

「如果有外星人從我們未知的星球惡意地襲擊地球的話，那麼，我們將不得不忘卻兩國之間一切些微的對峙，全人類都會團結一致去對抗他們。而即使有很多意見分歧，我們也將會體認到：我們是居住在同一個地球上的人類同志。

再者，並非等待受到外星人的攻擊之後，而是在此之前就必須注意到：我們都是居住在同一個星球上同樣的人類同志這個事實。」

對於雷根這番唐突的話，戈巴契夫若無其事地回答：「沒錯，就是這樣！」

以上的發言，在美國以華盛頓郵報為首的各傳播媒體都大幅報導此事。在蘇聯的各大報紙上，也用了相當大的篇幅來介紹此事。

美、蘇兩國首腦的會談，是一次極具歷史意義的會談。更何況，那是一次很重要的會談，應該預先有許多智囊團的各方菁英，經過一番研究之後寫出發言的內容。所以，他們的這種說法，很難認為是臨時的心血來潮。雷根總統後來有五次在別的地方做了同樣的演說，這件事最能證明前面的論點。其中一次，居然是在第四二次聯合國大會中的演說。

另外，戈巴契夫回國之後，不僅在記者會上承認這次發言所說的話，同時在蘇聯共產黨全國大會席上，也做了同樣的發言。這項事實，究竟意味著什麼呢？

為了解開謎底，我們需追溯至一九六四年的歷史。

◉真正的UFO情報是誰的？

最近，有一個稱為「Σ計劃」屬於國家最高機密的極機密計劃被公佈了。而在有關此最高機密計劃的公文上，記載上「Σ計劃」的任務在於達成和外星人的基礎性溝通，美國政府於一九五九年不僅成功地和外星人初步接觸，而且，一九六四年四月二五日，更有美國空軍情報部的高官在新墨西哥州的沙漠和外星人會見了，詳細情形都記述於公文上。

根據某位秘密情報部的幹員說，會見的目的在於和外星人締結協定。問題是這份協定的內容究竟為何？

協定中雖然有若干條款，但其中和人類有很大關係的是，默認外星人為了調查遺傳因子而挾持某一數目的人類，並在UFO中進行實驗，這個決定未免令人咋舌？而外星人為了回報美國政府，必須遵照約定傳授他們非常進步的技術給人類。

但後來那些外星人開始毀約了。完全未遵守協定。他們不僅是調查人類的遺傳因子而已，連活體實驗、外星人和人類的交配等等，都強行進行。

探討最近被外星人誘拐的人類時，也會深深地感覺到：這份協定早已有名無實、形同一張廢紙。

被誘拐（不，應該說是綁架）而生下可能是外星人的孩子的美國女性，被帶進UFO裡，並被迫和外星人的女性發生性關係，讓她疑似懷了自己孩子的巴西男性……，聳人聽聞的事件接二連三地發生了。

外星人破壞協定的情形，可以說與日俱增，愈來愈「囂張」了。如果考慮到外星人的一切活動，甚至稱得上「目中無人」，毫無節制，這項假設的可信度，也於焉升高。

現在即使想隱瞞外星人的存在，也已經無法隱瞞了，如此公開地出現於一般大衆面前的外星人，如果想到人類的未來，一直這樣隱瞞UFO的情報，似乎並非上上之策。

但從過去的歷史來看，也不能那麼簡單地公佈它們。為何過去長達四十餘年的時間中，政府一直在蒙蔽我們一般大衆的眼睛，對外星人的一切極力加以封鎖？因為，很顯然地一定會被人們責備，而且，政府也害怕可能因此而引起大衆的恐慌。所以，先進國家的首腦們莫不有著超乎我們想像的苦惱。

美國的UFO研究家比爾•莫亞先生，以如下極為精闢的比喻來說明這種情況：

「有一位沒有經驗的油漆工人，開始進行將房間的地板重新油漆的作業。他從門的部分開始油漆，而往後一直後退，逐漸油漆到房間的最裡側。但當他油漆到只剩下房間的一個角落時，突然注意到一件事……。

『如何才能不在油漆床鋪時留下足跡走出房間呢？』

現在美國政府及MJ—12計劃的工作同仁，便是陷入這樣的問題。他們為了如何才能在不會受到傷害的情況下離開房間，而拚命地動腦想點子。」

世界最大的UFO研究團體，同時也是許多各界知名人士參加的MUFON，於一九八九的總會中，發生了一點點內部紛爭，內鬨愈演愈烈，而有力人士之一約翰•李亞先生及M

ＵＦＯＮ的辦事處之間，形成對峙的局面。

這個總會，每年都會有幾個人做演說，原本預定中李亞便是演說者之一。預定演說的人，有義務將演說的內容先通知辦事處，李亞的演說，也早已獲得會長的許可。儘管如此，到了即將演說的前夕，會長卻下了停止演說的命令。

無法理解也無法接受這種情形的李亞，和有志一同的人一起借用總會會場的隔壁作為新的會場，逕自進行演說。李亞被臨時取消的演說內容大致如下：

「ＭＵＦＯＮ應該向美國政府要求，公開一切有關ＵＦＯ及外星人而向國民隱瞞的情報。理由是，在美國政府所隱瞞的情報之中，含有違反合衆國憲法及主權者國民的重大證據。其中之一，便是ＭＪ—12文件及和外星人簽訂的密約，而這件事違反了憲法上所規定的，和任何國家締結條約最後必須通過議會的裁決。」

自那時候起，ＭＵＦＯＮ和李亞派之間的一來一往，幾乎變成欲罷不能、永無結束的局面。以ＭＵＦＯＮ會長的名義發表了如下的見解，內容是說，李亞派的發言，全都是捏造的情報，已嚴重擾亂社會，將妨礙正當的ＵＦＯ研究。

我提出這件事，並非為了討論ＭＵＦＯＮ及李亞派的孰是孰非。

我只是想告訴各位，至少美國仍有堂堂皇皇討論ＵＦＯ問題的民主性基礎。

正如李亞在演說時所指摘的，國家的主權者通常都是我們這些老百姓，而在憲法之前，政府高官及國民都必須一律平等的理念，在美國仍然存續不輟，也是一個不爭的事實。

我認為，這個民主上的基礎，便是把我們大家從只是被操縱的矛盾中拯救出來，而挖掘出真相的唯一武器。

◉現在已經瀕臨地球的「維新前夕」

現在如果提出「地球維新前夕」這個名詞，可能會有人說：「你突然說些什麼呀？」或是「你究竟在說啥？我一點也搞不懂？」

但若是從地球的觀點來看世界的情勢，我想可能就可以看到某些狀況。

假定，現在我們來比較地球及明治維新前夕日本的狀況，結果會如何？當時的日本，雖是一個小小的島國，但也有許多藩屬，而各大名門都雇用私兵，以一城一國之主的名義展開領土爭奪戰。

統治這些大名的人便是德川幕府，對外則施行鎖國政策，拒絕和外國有正式的往來。

但到了江戶時代末期之後，幕府的勢力衰減了，抑制各大名門的力量也相形薄弱，薩摩及長州等邊境的小藩屬實力卻與日俱增，開始違抗幕府的命令。

另一方面，和幕府及各大名有生意往來的商人勢力日漸增強，幕府及各大名門由於向商人們借了太多錢，愈來愈無力償還，陷入窘境。

此時，海盜船來臨。出現於浦賀沖逼迫幕府實施開放政策，並採取了由海上向岸上開砲的行動。

受到這些海盜船的科技，以及日本自己壓倒性的落後程度的衝擊，明治維新的志士及幕府們，終於斷然地進行明治維新，踏出日本邁向近代國家的第一步。

在明治維新之前，由於鎖國政策的關係，大多數的一般民眾，連有外國人的存在都一無所知。一部分的大名及御用商人，因為和荷蘭、葡萄牙等國有貿易往來，所以才知道有日本人以外的外國人。對幾乎所有的日本人而言，日本便是他們的全世界、全宇宙。

那麼，現在的地球情形如何呢？

只不過宇宙中一個小小行星的地球，上面分成約一七〇個國家，而各國有如日本當時的情況，美國藩屬、蘇聯藩屬、日本藩屬……，各自都擁有自己的軍地，而一再進行領土爭奪戰。

一向以世界的領導者自負，自誇為世界第一大國的美國，堪稱是現代的幕府，但它現在的力量大不如前，甚至連伊拉克的海珊這樣一個小藩屬的大名，都敢擅自行動，無法抑制，而財政上也瀕臨破產的局面，已經淪為大負債國。

另一方面，東洋的島國中，像日本這樣位於邊境的小藩屬，竟成為世界唯一的債權國，一直深以自己的經濟實力為傲。

過去以美國為首的各國首腦們，因為一直施行一種鎖國政策，所以一般民衆都不知道外國人（也就是外星人）的存在，而認為在這個唯一的宇宙中，只有地球上才有具有智慧的生物。

現在，取代以前海盜船的UFO頻頻出現，在科技上佔了絕對的優勢。但人們也逐漸注意到UFO及外星人。這樣看來，我想各位應能瞭解，這兩個「維新前夕」是非常相似的。

◉地球如果再不開放後果將不堪設想

那麼，現在就會常有這樣的疑問：

「為何各國的權力核心要隱瞞宇宙人存在的真相？」

關於這點，我認為如果看了明治維新當時的情形，便能找到答案。當要斷然推動維新時，損失最大的是誰？

明治維新的結果，首先是實行「廢藩置縣」政策，而那些大名一夕之間就變成無用之人，一文不名，他們連領土、家臣、生活資源等一切全都喪失了。

損失最大的大概莫過於幕府吧。他不僅喪失了統治整個日本的權力、財產，甚至更得到朝敵（國賊）的汚名，一輩子洗不清。

這樣一來，對那些擁有權力及財產的人來說，公開承認外星人的存在，是否就意味著現在的體制會有所改變，終將失去權力、財產、地位呢？

我很難認為，現在的幕府及大名會希望如此。

另一方面，因為明治維新是在急迫的情況之下斷然施行的，所以才有今天的日本。如果當時沒有維新，而且不成功的話，那麼日本的近代化必將延遲數十年。

也許在那之前，日本已經被武力及科技佔壓倒性優勢的美國及英國佔領，變成他們的殖民地也說不定。

由此可見，現在的地球已經可以說到了相當危險的階段。

前面已介紹過了NSA（美國國家安全局）的極機密文件「UFO假設及生存問題」中，也有應該要注意的記載。

「如果UFO的一部分是他們（外星人）的產物的話，他們就可能具有比我們高度許多的文明。

綜觀地球上的歷史，當技術上較為發達的文明和較為遲緩的文明相遭遇時，技術比較進步的文明大抵上是較具攻擊性的，而技術比較落伍的文明，過去都被征服或絕滅的命運。

因此，如果UFO是地球以外具有智慧的生命體的產物，他們對我們來說無疑是一個重大的威脅。

落後的文明遭遇到進步的文明時，能想到若干可以採取的生存方策，不過其中最好的方法，便是日本曾實行過且獲得成功的明治維新。在尚未喪失自己的獨特性之前，及早瞭解進步的文明在技術上、文化上強盛的秘密，儘量學習他們的優點。

可能的話，將特別挑選出來的人送入他們的世界，在其中生活，這樣去學習進步文明的長處及短處，絕對有其必要。」

其中，特別以日本的明治維新為實例來說明，這點令人非常感興趣。

ＮＳＡ的傑出成員們，當他們考慮到我們遇到外星人時應如何應付的問題，也做了結論，認為明治維新之際日本的應對是最適當的。當我們讀了這份文件時，彷彿是在向我們述說：「現在我們必須模倣明治維新，開始推動『地球維新』，以此去應付在科學技術上勝過人類很多的外星人……。」

而且，製作這份文件的時間，是已經超過二十年以上的事。

自那時候起，迄今為止，美國、日本及其他任何國家都不想採取任何措施，一直只專心於有關如何控制、掩飾ＵＦＯ及外星人的情報的事情，在這種情形下，實在令人覺得窩囊。

那麼，對於「內憂外患」這句話又如何解釋？如果說外星人的來訪是「外患」的話，那麼「內憂」又何所指？不用說，那是地球的環境問題。

第三章　你能聽得見地球的呻吟聲嗎

◉像這樣仍可任意丟棄鋁罐嗎？

我是屬於「地球環境財團」的一位義工。「地球環境財團」宗旨是為了提供地球環境的調查研究及活動所需的情報，也是基於思考身為一個地球人如何自立的目的所設立的機關。

因此，每個月都發行名為≪Ｅａｒｔｈｉａｎ≫的雜誌，由個人自發性地購買，以應付財政方面的開支。≪Ｅａｒｔｈｉａｎ≫這本雜誌，目的在於提供今後人類生存下去時最有用的資料。

因為在這本雜誌中，刊載了有益於思考地球環境問題的資料，所以我希望一定要閱讀它。≪Ｅａｒｔｈｉａｎ≫這個雜誌名稱，是想像「當外星人乘坐ＵＦＯ到地球上時，從上空俯瞰地球，他們會如何稱呼地球上的生物呢？」

我想，他們也許可能稱呼我們為「亞洲人」吧。

所以，雜誌名稱是表示生存於地球，包括從微生物到昆蟲在內的各種動物及植物。

我雖然也想過日文的雜誌名稱，但因沒有適合表示地球上一切生物意思的日文，所以才將它稱為≪Ｅａｒｔｈｉａｎ≫。

我到去年為止，擔任過一個名為「地球人」的電台節目的主持人。這個節目，是由「地球環境財團」所提供的，在日本廣播每星期一到星期五，從上午九點三十五分～四十五分播送。

這個節目，目的是希望儘量讓更多的人瞭解地球的現狀，所採取的行動。為了實現這樣的理想，「地球環境財團」從拮据的財源中撥出費用，提供此節目。每個星期五天，每天都邀請一位來賓，採取由我和另一位女性主持人採訪來賓的型態。

雖然是一個晨間短時間的節目，但獲得極多好評。

當時，擔任我助手的是我以前在日本電視工作時的後輩，曾擔任製作人的太太，她以前是一位播音員。有一天，當她搭乘計程車時，司機很熱情地和她攀談，而那位司機，似乎有意詳盡地向她敘述目前地球的現狀，滔滔不絕地說著。

據說，他所說的話，和我在前一星期節目中所談的內容完全一樣！

而且，他最後向她建議：「有一個叫《地球人》的節目很不錯，妳一定要聽聽看！」我們知道有如此忠實的觀衆，內心自然雀躍不已。

然而，那是財源有限的「地球環境財團」勉強籌錢才得以播送的節目。很遺憾地，它終於在山窮水盡的情形下黯然結束了。

我希望下一次一定要設法將錢存起來。在電視上製播這樣的節目，儘量讓更多人瞭解地球環境可怕的現狀。

姑且不論此事。我們節目的來賓中，曾有一位松田美夜女士。松田女士是全力在推展「廢物利用運動」的川口市家庭主婦之一，她也曾寫過一本書，名為《市民們請熱烈參與廢物利用運動》。

據說，松田女士曾委託學者計算製造清涼飲料及啤酒的鋁罐時，究竟需要多少電力。我在節目中所聽到的結果，著實令人大為驚訝。

如果換為電燈，居然等於消耗四〇瓩的燈泡持續點亮十一小時四十分鐘的電量。

而這樣的電量，需要有相當於丟棄的鋁罐容量二分之一的石油，才能發電。儘管如此，製造廠仍繼續製造鋁罐。這究竟為了什麼？某位有識之士說，那是因為，製造廠能使用夜間便宜的電力。

火力或水力的話，還能停止發電，但是，核能發電時不可能不需電氣，夜間暫時停止發電。核能發電一旦開始運轉之後，就不能中途停下來。

而當電力太多用不完時，就要以停止火力或水力發電來應付。結果，核能發電的運轉率相對地升高了。由數字上來看，似乎是非有它不可。

自從我聽到松田女士的話之後，比過去更關心任意被丟棄的鋁罐。消耗掉寶貴的地球資源，以及非常多的能源而製造成的鋁罐，如此任意被丟棄，我不禁深深覺得，實在太浪費了。

隨隨便便丟棄瓶子及鋁罐，是因為拿到垃圾桶非常麻煩所致。在這樣做的內心深處，會有一種對別人的依賴心，認為「大概會有人替我清除吧」，告訴自己：「沒有關係？」但事實上這種行為並非無關緊要。

究竟有誰會去掃除這些空罐呢？那也許是出於善意自願做這種清掃工作的某位居民，不過，大部份都是由社區的自治會請人清掃。

為了保持美觀，或因為有居民抱怨，所以，自治會就雇用清潔工，付他們當天的工資，請他們處理這些東西。而清潔工的日薪，當然是由我們所繳納的稅金中支付的。

也就是說，丟棄鋁罐等東西的人，最後還是要用自己的錢去掃除垃圾。沒有比這更愚蠢的事！

就算是自治會沒有請人來清理垃圾，讓空罐一直放置於原地不去管，這樣一來，心裡還是不會舒服。而且，被棄置的鋁罐即使過了一、二百年，仍是保持原來的形狀不會消失。

談到鋁罐，我立刻想到在街上各處都能看到為數眾多的自動販賣機。說每隔數十公尺便有一台自動販賣機，也並非言過其實。就是有這麼多的自動販賣機擺在街頭。不管人跡多麼罕見的山路，也可能擺上一台自動販賣機，我們究竟是否需要這麼多的機器呢？

仔細一想，自動販賣機是二四小時一直在用電。它隨時都會供應我們熱騰騰的咖啡及茶，或是冰涼的果汁。夏天及冬天的電力消耗量是不是只有一點點呢？當然不是。如果合計全國所有自動販賣機的電力消耗量，據說，它相當於核能發電廠的基本發電量。

雖然反對核能發電，但卻一再向自動販賣機買啤酒來喝，雖心裡憂慮著能源危機，卻喝著罐裝果汁，這樣的人所說的話，自然失去了說服力。我並不是說絕對不可向自動販賣機買罐裝果汁，但如果喉嚨實在渴得不得了，一點也沒辦法找到自動販賣機，那也是無可奈何的事。

但我希望，在這樣的時候至少心裡覺得有一絲不安，不要認為購買自動販賣機的罐裝飲料是理所當然的。由於累積對環境的關心，也許對拯救已經生病的地球有所幫助吧！

◉「用完即丟」文化的後遺症會襲擊你

最近偶然看到二則報導，讓我深入思考一些問題。其中之一發生於紐約，一九九〇年夏天，美國各地幾乎酷熱得打破以往的氣溫。

「簡直像是亞洲的熱帶雨林一樣！」人們如此形容炎熱的天氣，也有幾位老年人死於酷暑。

有冷氣但氣溫一再上升的大都市紐約，更是特別炎熱，紐約的居民甚至打開設置在道路各處的消防栓，頻頻地往身上淋。

儘管如此，在近郊的長島卻完全不見人影。即使沒有遭遇到如此炎熱的天氣，被熱浪所襲擊，這地方每年也都是人潮如織，熱鬧非凡，但此時卻偏偏看不見，為什麼？

那是因為，初夏時有污穢的紗布、脫脂棉及各種各樣的醫療器材飄流至海岸，而從那些東西的一部份檢查出含有愛滋病菌。丟棄那些東西的人，究竟是醫療相關人員還是另有其人呢？為何最後飄流到長島的海岸？這些並無從得知。

另一則報導是發生於日本的事件。某個暴力集團的成員被逮捕了，他是因為違法丟棄產業廢棄物而被逮捕。他想趁著黑夜，將產物廢棄物丟棄在森林中，但被正在巡邏中的警官發現，當場逮個正著。

根據新聞的報導，這樣的事件最近似乎已不稀罕了。想要處理大量的產業廢棄物，需要一大筆金錢。但是近來業者即使想支付高價，願意替人處理廢棄物的人也已不多了。因此，企業便想到非法的處理方式，不過他們並不願意由自己去做這件事。結果，暴力集團的流氓份子便在暗中活躍起來。

這種工作，似乎有不少的好處，報上的最後說，把這種工作視為很重要資金來源的暴力集團，也不在少數。

看了這樣的報導之後，你會覺得如何呢？你是否認為「這個世界上就是有一些壞傢伙」就算了？果真如此，那麼我認為你並未透視到這篇報導真正想要表達的意思。

是不是可以這樣說呢？即使並非如此，沒有用便立即丟棄，不需要便棄之如敝屣，我想這樣的做法無疑是資源的浪費。

任何東西都是使用電氣、消耗資源及能源才得以製造出來。僅以日本而言，石油等能源及資源非百分之百由外國進口，便是實際情況。

以向國外進口的貴重貨物等重要資源，來彌補資源不足的情況，如果每一種東西都是「用完即丟」的話，一方面是金錢及資源的浪費，另方面則又似乎非常努力於製造環境污染及垃圾，可以說相當可惜。

根據最近的讀者新聞報導說：「東京每天生產的垃圾量，多得可以堆成一三〇個東京鐵塔。」再這樣下去，東京都的垃圾處理能力，再過數年就會達到極限。

如果垃圾堆置在自家門前，久久無法處理的話，我們將發現事態會變得非常嚴重。每個人都以為：到了垃圾收集日那天垃圾自然會被處理掉，所以我才不管——這便是垃圾問題的現狀。

但事實上，每天都有這麼多的垃圾被拿出來，而現在垃圾處理場已經瀕臨即將爆發的時刻。這樣一來，我們將來早晚要在垃圾山裡過日子。我想任何人都想避免這種情形發生吧。

◉能一舉解決垃圾問題的妙招

那麼，怎麼辦才好呢？首先，不要輕易購買東西，購買當時一定要考慮到丟棄時的問題。

例如，當我們購買電視或冰箱時，常有後來為了丟棄這些電氣製品而苦惱的情形。因為壞掉的電氣製品，沒有人願意替我們搬走，所以我們必須先將它們分解，使它釋出有毒的二氧化碳之後，才能拿出去丟棄。

這樣一考慮，也有不再去買不必要東西的好處。實際上就會慎重一些，「反正電視還能看，就繼續用現在的電視吧！」「反正很快就要丟這東西，所以我是不是真正需要它！」像這樣去權衡商品真正的價值。

如果這樣仍有購買的必要的話，那就要選擇當我們不要這東西時可以收回的公司。

本來，販賣電氣製品及家具等將來會變成體積龐大的垃圾的商品，或是各種床鋪及櫥櫃等處理困難的商品時，廠商們在這些商品變舊、變壞之後，是否有將它們搬運走的責任？很遺憾地，目前幾乎沒有附帶這項服務的公司。

如果很多人要求：「你們不回收舊的商品的話，我就不買你們的東西。」企業負責人也許就會考慮這件事。

我覺得，諸如空罐之類的東西，最好是採用美國所實行的押金制度。將原價三十元的罐裝果汁以三三元賣出。當消費者拿回空罐時，公司便以三元的價格回收。

在這樣的制度下，任意丟棄空罐的情形可能就會減少，就算空罐被丟棄在路旁，孩童們也會為了換錢而努力地撿拾，街頭因此而變得乾淨。不過，由於企業們的反對，這項制度並未被採行。

然而，身為消費者的我們如果堅持：「我希望你們那麼做。」或是「不是那樣的商品我們不會買。」我想企業方面也不得不按照我們的意思去做吧。

如上所述，有效地使用消費者的權利，現在不正是最有必要的時候嗎？

有一句話說：「消費者是國王。」這句話一定是企業為了宣傳廣告而想出來的討好之辭。不過，我覺得假使能反過來利用這句話，真正由消費者去行使身為「國王」的權利的話，也一定能解決許多矛盾。

因此，我們消費者必須變得更明智一點。

當廣告宣稱「這種東西很便利」或「這是現在的潮流」時，絲毫不經大腦考慮便購買某種商品，則消費者不僅不是「國王」，反而淪為「奴隸」。

就環境問題來說，如果由消費者一方主動提出，責備那些不負責任的廠商說：「企業應該如何做才對。」或是「生產這樣的商品會破壞環境！」我想企業方面會採取應付措施，以求改善。

但如果消費者能慎選商品，只購買對自己有利的商品，企業將會生產應付這種要求的商品，在市面上出售。並非「劣幣驅逐良幣」，相反地一定會產生「良幣驅逐劣幣」的奇蹟。因為企業不會去製造賣不掉的商品。

就垃圾問題來說，有一個能一舉解決一切問題的絕妙方案。那就是乾脆將處理垃圾的工作委託給民間去做，使它成為必須付費的服務。

我這樣說時，有人可能說：垃圾是一種公共事業，如果把這件事交給民間去做，他們會在處理時不負責任，造成大問題而使民眾大傷腦筋，但關於這點，只要成立監督單位來負責管理即可解決。

姑且不談監督單位。假定現在讓民間公司參加投標，委託得標者去做，將會發生怎樣的情形。

因為處理垃圾以公斤計算，需要付費，所以一般家庭都會儘量注意不要製造多餘的垃圾。到百貨公司購物時，如果包裝過度的話，消費者都會敬而遠之，這也能解決一部份的垃圾問題。至於巨大的垃圾，因為將來丟棄時需要特別高的處理費用，所以大家都儘量不買大的東西，而買的時候也會想一想才決定。

垃圾若是加以分類整理，民間公司反而會來收購，將來有可能形成這種制度。

回收巨大垃圾的公司若是多成立幾家，服務當然會變得更好。而垃圾堆置在路上無人管的情形，至少會減輕一些。

收集垃圾的工作人員，也可能開始重視自己的形象，所以他們也許都穿著富於色彩、樣式美觀的服裝來回收垃圾。

為了不讓強勁對手收走垃圾，每家公司之間，將會展開招攬客戶的拉鋸戰。「我們公司一公斤才收三〇〇元，很便宜。」像這樣介紹，而且也會借垃圾容器給我們，儘量為我們服務。如此一來，我們也許就會有別緻而漂亮的容器可用，不必使用放在路旁骯髒的垃圾桶，而收集完垃圾之後，他們也會打掃得乾乾淨淨，至少廚房的地板也會弄得整潔，作為他們的服務項目之一。

無論如何，當垃圾處理需要付費時，垃圾量必會減少，循環一直進行下去，而過度包裝的浪費情形，也會逐漸消失，街上會出現很整潔的情況，我想這個方案可謂一石四鳥甚至五鳥之計。然而，可能有人會說：「要付費？我才不要！」這也不是太大的問題。因為，即使現在我們實際上是由我們繳納的稅金去支付垃圾的收集費，那也只不過是直接支付和間接支付的差別罷了。

如果考慮到連企業所釋出的大量垃圾，都要由個人來負擔費用的現狀，也許你會說乾脆各自付費比較划算，目前這種情形，反而非常不公平。

◉避免全世界毀滅的那一天

我以前擔任採訪任務的廣播節目「地球人」，曾經邀請過一直以核能發電的危險性為訴求的作家廣瀨隆先生。廣瀨先生給人的印象是：「此人真是十分從容不迫，靜靜地說出一些可怕的事。」

為何廣瀨先生開始和核能發電問題發生關聯呢？因為我頗感興趣，所以便詢問他，結果他這樣回答：

「由於我擔心自己孩子的將來，如果他因為核能發電的危險而喪命，那豈不是太可憐了！當我看到他可愛的睡容，心裡就會感到焦慮不安，因此很自然地開始呼籲大家，一起來思考核能發電問題，這種心情現在仍未變。」

我也認為他想得沒錯。不僅是核能發電而已，環境問題若不是全以「自己本身」為出發點，就不會有真正正確的思考。

核能發電廠在連大量釋出放射性質的處理方法都還不清的情況下，便開始運轉了，而相繼增加的設備一直累積至目前。

一般人是否認為：核能廢棄物是在再處理工廠中被安全地處理掉了？

也許大家都這樣想，但事實上，自從有核能發電以來，已經超過三十年的歷史，雖然有世界第一線的科學們不斷地研究它，但迄今為止，仍未開發出含有大量放射能的高度放射能廢棄物的決定性處理法。

那麼，現在高度放射能廢棄物是如何處理的呢？由於《波爾的雨傘》這部電影而聞名於世的法國港都波爾，有一座世界最大的拉•安克核廢料處理工廠。世界各國都必須支付龐大的費用給這都市，將高度放射能廢棄物運送到此地。

而且，運輸的方法是將廢棄物裝在貨櫃裡，以船舶輸送，在時間上需講求效益，有廢棄物就必須立即運輸過去。如果船舶在中途沈沒，引起火災，海面就會受到污染，給予地球環境毀滅性的打擊。

縱使平安無事地將廢棄物運送至目的地，也因為目前尚未發現將廢棄物封閉起來的方法，所以處理工廠的處理量仍是有限的。從高度放射能廢棄物中除去鏽（Pu）這個元素之後，確保安全性，就把它們放進有如游泳池一般的大容器之中，以免再產生核反應，然後，必須一方面冷卻一方面攪拌才行。

據說，如果不這樣做，就會發生大爆炸，而且說不定會導致人類滅亡的情況。總之，所有廢棄物的現狀只是臨時應付的處理，暫時矇混過去。

這種做法，也瀕臨即將達到堆積量極限的時期。據說，到一九九五年時，就會達到頂點，處理工廠將不敷使用，所以所剩只有幾年時間而已。

而且，波爾的再處理工廠和各國之間，訂有一項契約，內容是說，在達到堆積量極限之前若是尚未發現決定性的封閉法，那麼各國就要將堆積於此地的廢棄物拿回自己的國家。

也就是說，再過二年之後，過去堆積起來的大量放射性廢棄物，就會被送回各國。而且，據說那些廢棄物會以飛機來運輸。如果在日本列島上空發生事故的話……，這麼一想不禁令人毛骨悚然。

不僅如此，如果現在波爾發生了事故的話，據說地球上的人類幾乎都會死亡。

更有甚者，事實上，在一九八〇年四月十五日，已經發生過幾乎導致上述情況的事故。關於此次事件，廣瀨先生在其著作《給東京核能！》這本書裡有詳盡的記述，所以可能也有人知道。

那天早上，拉・安克處理工廠的電氣突然停止了。輸送至工廠的高壓電線網路的電線被切斷，而引起停電。電氣一停止，正在攪拌高度放射性廢液的馬達就會停下來，產生核反應。但是，這種狀況一開始就已在預料之中。只要切斷主電源，就要由家用發電機取代。此時，家用發電機也開始運轉。

在這種情形下，如果主電源已經修理好，而打開開關，就不會發生問題。

但是，經辦員忘了關掉預備的家用發電機開關，結果，主電源的電氣流入同樣的回路，產生極高的電壓。這樣一來，不僅是主電源的變壓器受到破壞而已，各部份都會產生火花，所有的電氣都將停止。

工廠在一切機器都停止的情形下，停止攪拌的高度放射性廢液，便在冷卻設備中開始沸騰的聲音，如果冷卻設備就這樣一直無法恢復其性能，那麼，就不只波爾一個都市全被炸掉而已！

不過，幸虧此次事故在千鈞一髮之際解除了危機，避免一次不幸，因為不幸之中的大幸般的偶然事件一再發生了。其中之一，便是距離此工廠二十公里的地方，有一座法軍的彈藥庫，其中有緊急發電裝置。

第二件是，波爾當時適逢春季，這也是一種幸運。如果是冬天，路上全是積雪，發電機是否能在發生核爆之前送達，也是未定之數。

第三件是，發生停電的時間是早上八點三十分左右，所以當時尚未開始最危險的處理作業。

最危險的處理作業，是在電腦嚴密的控制之下進行的。發生停電時，電腦完全停止作業。如果當時已經開始最危險的處理作業，後果將會如何？

根據《給東京核能發電！》一書，再處理工廠如果發生大爆炸，那種情形，就有如將一百座或一千座核能發電所合併，同時發生核爆一般。根據德國科學家的推測計算，結果顯示

：工廠周圍一百公里以內的所有居民，會遭受到致死量十倍至二百倍的放射能所襲擊，而立刻死亡。據說，最後會產生三千萬個死者。

而更可怕的是，做此推測計算已是超過十以上的事，目前，原子爐的數目及規模已比以前大得多，所以，致死量所及的範圍據說是半徑一萬公里以內。

如果法國的波爾畫半徑一萬公里的圓，那就會幾乎覆蓋人類所有的居住地域。

也就是說，假使眼前這一瞬間波爾發生停電的話……，而且，再處理工廠發生大爆炸……，說不定全人類都將滅亡，這是多麼悲慘的事，多麼可怕啊！

況且，大多數的人都不知道這個事實而生活著……。

◉目前仍為了核能發電而爭論的國家是哪一個？

關於日本的核能發電究竟是安全或危險，一向有各種議論，不過何者才是正確的並無定論。由於我是個外行人，老實說我也不清楚。有一點可以肯定的是，一旦發生大事故時，便可清楚地知道答案了。

撇開安全問題不談，我認為核能發電並不值得推廣，我會有這樣的想法，並不是基於廢棄物的處理問題。

核能發電廠內作業員的衣服及手套，這些所謂的低度放射廢棄物，以及前述的高度放射性廢棄物，包括兩者在內的一切廢棄物，至少在將來的一千年之內都必須保持現狀，靜靜地保存著。

但是，究竟是誰能安全地保存一千年呢？是我們的子孫，還是十幾代之後的子孫！他們為何要背負我們未完的責任，一直保存下去？

我們究竟是否有將這種責任交給子孫的權利？「以後的事我不管？」這種任性的行為，絕不應該被允許。

而且，十幾代後的子孫，是否仍能記住這個事實而安全地保存下去呢？連這點我們都無從得知。

稍微想一下，也會覺得那幾乎是不可能的事。經過一千年之後，用混凝土凝固封存起來的廢棄物（當然到那時候已腐化了）有何意義？這是我們所無法預知的。

這種情形，就好像無法瞭解埃及的金字塔真正的意義一樣。

先進各國的人們，已經注意到核能發電的危險性，目前，亟欲擺脫核能發電已經成為世界的潮流。

舉例來說，為了車諾比事件的後遺症而騷動的蘇聯，根據塔斯社的報導，原本預定要在南部庫拉斯諾塔爾一地建造核能發電廠，但遭受該地區居民的阻止。

再者，瑞士一九八〇年時為了核能發電應存續或廢止而實施了公民投票，結果決定，在二〇一〇年之前將廢止核能發電廠。

同樣地，在義大利也是以公民投票決定廢止核能發電廠。還有丹麥，也已經決定完全撤廢核能發電廠，並正在開發取代能源的風力發電。

不僅如此，保有最多核能發電廠的美國，已經開始出現反對核能電廠的聲浪。核能發電廠的新建訂單已經完全沒有了。而核能發電廠的相關企業也紛紛倒閉。

以上便是目前的世界趨勢。然而，台灣、日本現在仍在推廣核能發電。那麼，我們應怎麼辦才好？在這方面，是否只有訴諸於每個人的自覺及大的聲浪，才能採取行動？

關於核能發電廠的危險性，儘管和更多的人討論，從自己的親戚及身邊的人開始也可以。這樣一來，將會產生一股莫名的力量。

這樣做的同時，只是高唱反對並不能產生說服力。浪費電力，購買消耗大量電力所生產出來的產品的我們，每個人都是核能發電廠一再設立的根本性原因——這樣的自覺不是很重要嗎？

我本身就從我的周遭做起，一一做到省電的方法，並一直持續下去。比方說，關掉不再使用的房間電燈，這種動作長年以來已經養成習慣了。不看電視時，就關掉電視。

提到電視，因為目前已有了一按遙控器的開關就會出現畫面的機種，所以遙控器上經常留著微弱的電流，我想這也是一種電力的浪費。當我們環視周遭時，就會注意到浪費電力的情形相當多。

院子的照明燈，以及不用時也不關掉的抽風機等等，只要留心將開關關掉，便可省下幾座核能發電廠份的電力。

我到英國採訪時，雇用一位日本籍的留學生來打工，那位學生告訴我以下的一段插曲。

他所住的宿舍，為了節約用電而提出一項設施：打開玄關的門時，十五秒之後，自動開關系統的電燈就會熄滅。

但他房間位於公寓的二樓，因此每當他要打開玄關的門時，需預先準備好房間的鑰匙，一打開門之後，就立刻以很快的速度跑上二樓。

如果不是在電燈熄滅之前將鑰匙插入孔中的話，就無法進入房門。

在外國旅行的時候，我發現有幾個地方都有這樣的系統，有不少飯店及洗手間都採用這種方式。也就是說，使用完畢電燈就會自動熄滅。採用這種方法，也是節約用電的一種做法。

在日本我從未看過這種洗手間。日本人似乎還不太有節省電力，節省資源的意識。是否因此我們才有必要每個人有所自覺及行動呢？

◉我笑不出來的「四十一歲壽命說」

這裡有一份令人心生震撼的報告：

「如果在目前的環境之下生活，那麼人類的平均壽命將只有四十一歲。這個計算數字開始出現的轉捩點，是一九五九年。」

人生只活四十年的時代遲早會來臨……，計算出這個可怕數字的人，是日本前農林省（現在的農水省）的官員，也就是以探險家而聞名的飲食生態學者西丸震哉先生。

西丸先生和我的交往，是從我在「11PM」這個廣播節目中邀請他擔任來賓時開始的，所以已經近十五年了。當時，他還是農林省的官員，從那時候起，我便發現他所說的話往往是一針見血，直指核心。他警告世人：人類的平均壽命將會縮短。

據說，西丸先生將所有的數值輸入實驗者身上，而從所能考慮到的一切角度去模擬，進而又導出這個結論。因為以《四十一歲壽命說》為題出版，一舉成為炙手可熱的暢銷書，我想已經知道這本書的人應該不少吧。

西丸先生算出一九五九年將是環境惡化開始的一年。因為，稱為「高度經濟成長」的經濟復興，開始迅速地進展就在這一年前後。

在世界各國中，再也找不到像日本這樣經濟成長令人驚異不已，但同時它也急遽地產生副產物，也就是所謂的產業廢棄物。在生活水準提高的家庭中，也大幅增加垃圾量而從工廠出來的有害雜廢物，也是以往根本無法比較的，每天都大量釋出，非常驚人。

再加上汽車所排出的二氧化碳，以及工業區工廠煙囪所冒出的黑煙。空氣汚染的問題，也在這一年急速惡化。在此同時，農作物所使用的農業及化學肥料也不斷出現，用量逐漸增加。

這些都只有使汚染加速度進行而已。空氣、水源、大地……，現在幾乎每一個部份都含有公害物質，充斥著諸如二氧化碳之類的毒物。

在這樣的環境之下，人類究竟能活到幾歲呢？測驗的結果，引導出四十一歲這個結論。也就是說，從一九五九年前開始，全日本一直有將整個房子貼上玻璃帷幕，而將很薄的二氧化碳一點一點注入玻璃屋裡的情形，而且相同的狀態長久持續著。這樣看來，這種情形就有如毒氣實驗室一般。

果真如此，那麼生活於其中的人們，無分男女老幼，都會在一定期間以內死亡。此期間是四十一年。

按照西丸先生的計算，這是一九五九年開始的四十一年。也就是說，在五九年以後出生的人，他們的平均壽命將只有四十一歲。而在此年以前出生的人，便是以五九年時的年齡再加上四十歲，成為其平均壽命。假定某人在五九年時四十歲，則此人的平均壽命是八十一歲。

西丸先生說，最近平均壽命延長，八十歲以上的人增加了，所以並不是所有的人到了期限便會死亡。所謂「平均壽命」，是指到了某一年齡，相同年齡的人有半數以死亡而言，不過，這實在是令人毛骨悚然的數字。

◉繼續飲用自來水的恐怖

然而，四十一歲這個數字是否正確呢？很遺憾地，我認為就算不對也相差不遠。因為，在太多方面環境污染都已到了非常嚴重的地步，尤其可怕的是水的污染。人體約有七〇％左右為水份，而且，細胞每天都在新陳代謝。每一個細胞都是一個水袋，有害的物質每天都在侵蝕那些水袋，所以死亡只不過是時間早晚的問題罷了。

數年前，我讀到一篇報告，上面說「飲用水中含有致癌物質」，令我十分驚愕。成為問題的是某種物質，就是這種物質混在自來水裡，一九七四年十一月開始有報告說，它含有致癌性。

這次事件開始於美國南部的大都市新奧爾良。從電影畫面上可以看到，密西西比河有蒸汽船在航行，船上都有很大的車輪旋轉著，還有以爵士音樂的發祥地而聞名的新奧爾良。據說，最近到這兒旅行的人不在少數。

而事實上，密西西比河的問題會引起這件事，原因在於環境保衛基金會（美國的非營利團體）的巴特·哈里博士所進行的關於新奧爾良致癌率的調查。

調查的結果顯示，比起以地下水為水源的其他都市，以密西西比河為水源的密西西比，由於罹患癌症而死亡的人，每十萬人中就有三十三人，顯然高出許多。關於其原因，哈里斯博士舉出，在進行動物實驗時，已經確認有致癌性的物質。

在密西西比河上游，有一個很大的工業區。把被來自此區的廢水污染過的河水淨化為飲用水，並添加大量的鹽素，才供給新奧爾良居民使用。

鹽素和腐化結合而產生化學反應時，就會產生上述的致癌物質。腐化質是樹根或樹葉腐爛所形成的有機物質，任何河川都有。

當然，哈里斯的報告在美國引起了一大騷動。於是，美國環境保護局（ＥＰＡ）展開調查。ＥＰＡ的報告，證實了博士的調查結果是正確的，所以大事不妙了，公共機關很清楚地說明：「自來水中含有致癌性物質。」

接著引發了全世界性的議論，結果所制定的便是一九七八年二月的「有關自來水中致癌物質及合成有機化合物的量的限制法」。

根據這項法律，在淨水廠的殺菌處理過程所產生的致癌物質的總量，最大值被限定為一〇〇ＰＰＢ以下。

關於致癌物質的可怕，已經由美國很多動物實驗的結果獲得證明。如果在動物體內累積了過量的致癌物質，也就是每一公斤體重超過三毫克，致癌率將高達五〇％。

而且，已經致癌的母體內的胎兒，被認為有可能發生尾巴缺損、肛門閉塞、皮下浮腫、肋骨缺損等情形。

雖然並非動物實驗完全和人類相同，不過如果有一個體重六〇公斤的人，攝取了一八〇毫克的致癌率，根據計算，致癌率為五〇％，也就是每兩人中會有人遭受癌症的侵襲。

人一天平均飲用二公斤的水，則含在其中的致癌物質約有〇・二毫克，二年半就有一八〇毫克的致癌物累積於體內。

而這只不過是一個非常粗略的計算而已。然而，自來水非用鹽素不可，全世界大都市居民的體內，確實正在累積這種致癌物質，這是無庸置疑的事實。

事實上，在日本很早就已對致癌物質的危險性發出警告，而為了調查實際情況而成立的「河川、水源問題聯絡會」，調查四大都市水源的結果，得到可怕的數字。

最高的數字，是處理東京都八五％自來水的淨化廠，據說，一九七五年時已有致癌物質含量高達九五ＰＰＢ的記錄。

因為EPA於一九七九年所制定的致癌物質最高規定濃度是一〇〇PPB，所以，東京的水源早在四年前便已達到美國的容許度。

根據水道局後來的調查，已經降到平均四〇PPB以下，不過，致癌物質的麻煩之處是即使煮沸了再喝也不行。如果將水煮沸達到一〇〇度，致癌物質同時也會達到最高值。

也就是說，過去長久以來一直飲用煮沸的水沖泡茶及咖啡的我們，在體內已經累積了相當量的致癌物質。

而且，有幾十年之久我們一直在攝取含有多量農藥及添加物的食品，即使每種食物中的致癌物質非常微量，就不致於達到影響人體的程度，但如果長年且複合性地繼續攝取，當然一直會在體內累積起來，進而危害健康。

這種情形，有如職業拳擊手打擊身體一般，雖然一開始就一直挨打，毫不在乎，但只要時間一久，也會被擊倒。

◉心不在焉的生活方式是一大損失

如果人生壽命只有四十一歲的說法是正確的，那麼此事對年輕人來說將是非常嚴重的問題。究竟該怎麼才好？關於這點，西丸先生的建議如下：

「今後，由大學畢業到公司就業，在各公司中找到適合的職位，一直到退休之後，開始優哉優哉地度過餘生……。現在已經無法很悠閒地看人生了。如果仍保留以往的想法就來不及趕上時代的腳步。不管是中學生或高中生，都應及早發現自己想要過的人生，並立刻付諸實行，以如此的態度過一個無悔的人生，我認為這點很重要。」

我也很贊成這個意見。當然，雖然有必要高聲呼籲：「不要用鹽素殺菌！」或是採取淨化自來水再飲用的對策，但另一方面，還是應該認眞地考慮對自己而言不會後悔的人生，如何面對有限的人生。

如果不早日發現自己想要的人生，誠實面對自己去過生活，那麼未來一定會面臨意想不到的悔恨。

因此我想建議各位的是：不要心不在焉地過生活，應多放一點心思在生活上，抱持積極的生活態度。將每一瞬間都視為上帝珍貴的恩賜，盡情盡興地生活下去，同時不會為了明天而困惑，我想這才是比較重要的。我總覺得，現在心不在焉的人似乎不少。

即使是走在馬路上，心裡也想著剛才的事，因此沒有餘裕去環視四周。吃飯或讀書時，也在想著其他的事情，這樣的人可謂處處可見。

如此一來，無法享受現在這一刻的人愈來愈多。無法享受「現在」，也就沒有深刻的實際體驗。歸根究柢，就永遠無法獲得體人生的幸福，這樣的人生，不是很不幸嗎？

如果凡事心不在焉，那不是很無趣嗎？

即使是吃飯時，心裡也想著其他的事情：「明天我必須做這件工作、那件工作。」這樣一來，再好的美食佳餚也變成食不知味，吃飯這段重要的時間就在不知不覺中溜逝了，根本無法知道人為要吃飯。

雖然我們出生於這個世界，而且有飯可吃，但我們都將吃飯的重要時刻，視為機械性地補充能源的無意義時間。

仔細想一想，我們的人生，不是一直都是「心不在焉」的無意義時間所串連的？這樣度過一天的人，不是比比皆是嗎？為何會發生這樣的情形？

我認為，大多數的情形都是因為人思考明日（未來）所致。但是，未來這東西是一個不安定的東西，是人的智慧所無法完全預知的未知數。

首先，未來究竟會不會來臨？我們連這點都無法確知。即使我們心裡想著「明天要做這、做那。」有可能在明天來臨之前，突然遭遇事故而死亡。也就是說，未來多半不會依照我們的預料展開。

其次，未來有如永遠無法抓住的青鳥一樣，代表幸福的青鳥是那麼不可期待。即使心裡想著：「明天要做這、做那。」如果睡了一晚就不再醒來，今天成了生命最後的一天，那麼明天已經成為再也無法到來的未來。

為了如此不安定的未來而憂慮，以某種意義來說，無非是一種浪費。

另外，死亡會不會來臨也無從得知，它完全不在我們的預料之中，為了思考這樣的未來而忽略了現在，不是太可怕了嗎？況且，當人考慮未來時，會有一種不安及恐懼的習慣。

諸如「我究竟會不會死」之類的不安，以及「是否有意想不到的不幸在等待自己」之類的恐懼，會在內心逐漸抬頭。

「是不是有假想中的敵國要發動攻擊？」由於這樣的不安而花費龐大金額購買核子武器，努力於貯藏根本就派不上用場的武器。或是「自己老後生活會不會很悲慘？」的不安，甚至犧牲了本來應該享受的青春，只是一味地儲蓄，而對於實際上並不一定來臨的未來所產生的不安及恐懼，使我喪失了人性。

這樣一來，我認為忽略現在而為了未來在思考的愚昧，是最大的愚昧。那麼，「過去」又如何呢？

思考過去而煩惱，更是無聊。過去就是已經過往的時光，所以無論那是多麼快樂的時光，也不會復返。無論多麼拘泥於這段時光也無法喚回它，它只是一種幻影而已。

如果人生一到了四十一歲的時候，便被過去或未來所困惑，如此只會浪費時間，不是更可惜嗎？

織田信長很喜歡一首歌謠，歌詞是說：「人生短短五十年，和浩瀚的宇宙相較，就有如夢幻一般……。」這是大家都很熟悉的歌謠。看起來，當時人們認為能活五十年已經是奢望、夢想了。當時的人都在三十歲或四十歲便死亡，因此，古時候在某些地方人們往往十一歲便舉行婚禮，作為一個堂堂正正的大人，開始短暫的人生。當時人們的壽命之所以會如此短暫，據說是因為糧食非常貧乏。

相對地，現在是糧食過剩的時候，卻也是壽命縮短的「短命時代」。人們主動地食用一些可能會罹患糖尿病的美食，吃得很飽，以致逐漸縮短壽命。

或者，選擇含有農藥及食品添加物的食品，有時則因為出去購物很麻煩，食用這些食品比較方便，由於這些無謂的理由，繼續食用這些食品，一步一步地往早死的方向走。

況且，這個世界上還有很多人因飢餓而死亡，現在有些國家卻糧食過剩、壽命縮短，這是多麼諷刺性的一件事。

根據聯合國兒童基金會約有二十年前的資料，全世界每天都有四萬名兒童餓死，如果包括大人在內，那麼餓死者的數目可能就有數倍之多。

另一方面，在日本的帝國飯店中，一天所準備的所有飲食，幾乎有一半會因客人沒吃完而丟棄。據說，調查結果可能還不止此數。

我們為何做出如此愚笨的事？至少，吃飯時應將心思放在這一方面，好好想一想，一面感謝吃這件難能可貴的事，一面品味食物。

第四章　這樣的生活方式實在太危險

◉一年內吃四公斤的食品添加物進入身體

喜歡吃麵卻沒有時間享用，便到車站的速簡餐店去吃站著吃的麵，許多人都曾以此方式解決一餐。但是，最近已經無法再像以前那樣，輕鬆地走進速簡餐店吃一碗麵。

那是因為，麵裡含有太多的食品添加物。

首先是麵的問題，商店為了減少製造成本，在蕎麥粉裡摻入了麵粉，而麵粉的原料小麥中，含有一種稱為溴酸鉀的物質，會對神經產生障礙。再加上麵粉中同時也摻入了便宜的雞蛋，而這些雞蛋都是吃了含有很多合成抗菌劑的雛雞所下的蛋。

另外，麵湯中含有化學調味料、味醂、醬油的防腐劑，以及用了很多化學肥料的蔥……，愈想愈令人覺得，似乎整碗都是毒素，而引不起食慾。

在我們每天所食用的食品中，確實用了一百種以上有害的食品添加物。告訴我們這個數字的是小若順一先生。

小若先生曾在食品添加物反對運動中留下極大功績，而過去他已經實現了驅除若干有害添加物的計劃，他也是唯一受邀到厚生省演講的反對運動指導者。

當時，我因得知有太多食品受到污染而感到震撼不已。如果一件一件地檢查下去，我們恐怕真的要沒東西可吃，總之，就有那麼多危險食品充斥在我們周遭！

舉例來說，麵包所使用的小麥粉改良劑，會對中樞神經造成不良影響，而且其中物質會引起身體障礙。以前政府允許用於魚肉製火腿及香腸，現在也已被禁止了。

而在加拿大被禁止使用的致癌物質糖精，似乎在各國仍被廣泛地用於果汁、口香糖、醬菜、醬油等食品。還有，維也納香腸的合成著色料及糖果的顯色前……等等，似乎每一種食品都多多少少含有添加物。

小若先生說，魚類、蔬菜、水果也都是危險的。他的意思可能是說：這些東西已經滲入農藥、化學肥料、疾病預防劑、魚網防汚劑等危險物質。

目前正在使用中的農藥約有六百種之譜，而食品添加物也約有五百種之多，所以確實十分可怕。而這些有害物質，幾乎都在尙不知對人體有何影響的情況下，以目前暫時安全的理由繼續使用。縱使知道是有害的添加物，只要遵守被許可的使用量，即可過關，長此以往，不免令人感到可怕。

如此一來，我們不就等於一點一點地在體內儲存有毒物質，進行慢性自殺嗎。

聽了小若先生的話之後，深深感覺到，年輕人特別需要瞭解這種現狀。因為愈是年輕而食慾旺盛的人，愈有可能攝取多量的食品添加物。

比方說，非常受年輕人歡迎的速食店及家庭餐廳所提供的料理，或是各種速食品、休閒點心、清涼飲料等等，都使用了大量的食品添加物。

為了看起來很好吃的色素，使碎肉看起來好像是整塊的凝固劑，為了增加份量的膨鬆劑，以及保存劑、防腐劑、著味劑、著香劑……等，仔細一算可謂不勝枚舉。

結果，我們人一天平均攝取十公克，一年間約攝取四公斤的食品添加物。十公克的份量，大約相當於兩個方糖，如果換算成茶匙，就相當於二大匙，真是不可思議的份量。

況且，這個數字是包括嬰兒到老人在內所有人口的平均量，所以，喜歡食用速食品的年輕人，攝取量可能數倍於此數。

◉人的舌頭被扭曲了

食品添加物的可怕，現在尚未被明確地證實。如果認為：「原來如此，那就不必太擔心。」那就未免太輕率了。

那只是因為仍未明瞭因果關係的決定性結構而已，在動物實驗上，則已記錄了食品添加物是有害物質的結果。

據說，它容易使孕婦產下畸型兒，也是形成癌症的誘因。另外，對胃有不艮影響，有報告認為它是形成肝臟疾病、心臟疾病的原因。

正如上述，被認為對人體有害的物質，卻被人們堂而皇之地使用，而且情形日趨嚴重。在此情形背後，我認為隱藏了商人「只要能賺錢就好」的原因。

以咖啡店的咖啡為例，據說，許多店家都使用增量劑。那是使用少量原料獲取更多利益的手段。在咖啡中摻入增量劑，當然會損及咖啡的顏色、味道。

因此，為了調整其味道，而不得不添加調整味道用的藥，以及保持顏色的著色劑、保持香味的香料等等。這種做法，很像女人為了掩飾缺點而化妝，但化妝只會使缺點更醒目，不知不覺中，化成了和原來素臉迥然不同的濃妝。

不過，化妝出來的臉孔還只是一個虛假的捏造品而已，並無傷大雅。而滲入添加物的咖啡，卻和真正的咖啡不同，它是似是而非的東西，如果相較於喝在顧客面前現磨咖啡店所煮出來的咖啡，味道自然有明顯的不同。

可是大家都不懂這種情形。我想也許是因為沒有喝過真正咖啡的緣故。甚至沒有喝過純正咖啡的人，還會覺得研磨過的咖啡豆所煮出來的咖啡並不好喝。

事實上這便是最大的問題。幾乎所有的人，都在不知不覺中習慣於虛假之物的味道。賺錢至上主義者們，便利用人們的習性。他們在戰略應用的名義之下，逼迫我們接受有利於他們的口味。

所謂的外食產業，家庭餐廳及速食品中的蔬菜便是一個很好的例子。沙拉及涼拌菜所用的黃瓜及番茄，是無味、無芳香的東西，而這種情形並不是突然變成如此。

舉例來說要把這些東西夾在漢堡裡，因為如果用了這些無味、無芳香的東西，就比較能顯示出含有許多添加物的虛假味道。因此，據說業者基於此原因而開發出這些東西。

再者，如果使用過去的番茄，由於水份過多，只要切得薄一點，就會無法保持原有的形狀。所以，便開發出稍微硬一點、水份較少的番茄……。

於是，逐漸形成心理上對添加物免疫。而且，味道因個人的喜好而異，所以有人認為這並無大礙。但是，這件事其實是攸關我們生命的重大問題。

我們受添加物的影響，不僅限於本身這一代，它對世世代代的子孫也不無影響，這種影響會一直持續下去，所以可以說是一個令人頭痛的課題。

我們是不是陷入「看似好吃」的陷阱呢？說「因為方便才吃」的人，已有危險的想法。以為趕時髦而吃速食品，實際上只不過是被廣告所操縱罷了。為了要保護我們寶貴而無可取代的生命，我們應努力於遠離危險的飲食生活。

◉肥胖的原因在於不語人體的秘密

有位醫師告訴我一件有趣的事。

人為何會肥胖呢？原因在於，人們幾乎都不食用符合人體所要求的食物。也許每個人都有所不同，不過，礦物質、蛋白質及維他命都是人體共同需要的物質，當這些物質不夠時，人體就會發出訊號，要求補充。

而本人卻偏偏不去攝取，進入身體的全都是沒有必要或過剩的東西。因此身體會向腦部發出「不足」的訊號，提醒本人再吃。

結果，又覺得肚子餓，又吃東西，但身體所需要的物質仍未補充進來，只是愈吃愈多。

於是，此人就繼續吃下去，而每進來的多餘食物便儲存起來，變成皮下脂肪，愈來愈肥胖。

既然如此，我們應考慮的無非是「自己的身體需要什麼？」知道我們的身體現在需要什麼？要我們如何做？這些都十分重要。

因此，只要想想自己的需要，此時我們會發現：自己幾乎什麼都不懂。

例如，肉體是由骨骼、肌肉、腦部、臟器等部份構成。其中，骨骼的作用有如將胃及心臟等臟器吊起的繩索一般，構造十分複雜，其目的則在抵抗地球的引力。

如果處在無重力的狀態之下，度過漫長的生活，骨骼中的鈣質會逐漸流失，據說這種情形就像水的流失一樣。事實上，蘇聯太空站的太空人們，鈣質是一點一滴地溶化到血液中。

而且，臟器及腦部是以神經加以聯結。神經網路流著微弱的電流，命令腦部傳達電腦的訊號到肌肉及臟器等部位。

神經通過脊椎之間，而經由椎間板這個在背骨的骨骼之間扮演橡皮墊般角色的部份，傳達到臟器等處。因此，背骨一旦彎曲，神經就會受到壓迫，無法傳達正確的訊號，結果，臟器便發生問題，無法發揮作用。只要有一個臟器生了病，就會形成骨牌效應，所有的臟器都會一一損害。

這種基本性的理論，稍不注意，就會一直不知道。這種因無知而造成遺憾的情形，也很可怕。因為，這種情形就好像不懂車子的構造及各種零件的機能，便開車上路一樣。

不知道加什麼樣的油，汽車才能正常地行駛。結果，加了粗劣的油，久而久之，損害車子的性能。人的身體亦復如此，吃了身體不需要的食物，多餘的脂肪就會造成肥胖，引起疾病。也有人甚至忘卻了一件事：如果不加油，車子就無法行駛。他們不好好地吃三餐，勉強繼續工作。

這樣一來，以車子而言，立刻就會缺乏動力，在半路上抛錨，如果不加油，引擎將會燒燬。最近，成為人們話題的「過勞死」，也許便是這種情形。也有人根本就沒有加油，連是否有方向盤或油門都不清楚。

如何去掌握自己本身的日常生活才好呢？要將車子開往目的地的方向，應如何運轉方向盤？如何踩剎車？這些全然不知就日復一日地生活著。

如果坐這樣的車子，引擎發動五分鐘之後便發生事故也是理所當然的。這實在是太危險了。身體如果生病時，就去找醫師，決定將壞死的部位切除或換上人工臟器。在醫師的眼中，人的身體有如各種零件構成的機器一般。

人應該是整個人都有系統地聯結在一起的有機體，而每個部位都彼此支撐而相聯結。因此，人所有的細胞、臟器及各種器官，必須都是有機的，才能構成一個人，並非各部位獨自存在而發揮功能。

而連如此普遍的常識，講求專門分化的醫學領域也會疏漏遺忘，每個領域的醫師，都只診察自己專門領域的部位，很容易依此想法治療病患。

於是，治療就變成換掉認為不好的部位，或把它切除，或以藥物來緩和疼痛及痛苦，以為這樣就萬事ＯＫ了，這種情形可謂屢見不鮮。

如此一來，疾病的根本原因未檢查出來，也未加以根治，成為無法完全治癒或再復發的情形。

但是，由於個人的生活態度——例如不規律的生活、不自然的姿勢、對食物的好惡、勉強工作、睡眠不足、家庭環境等原因，以致引起疾病的情形也不少。

關於這點，一般醫師幾乎都不會去注意。

問診時，仔細詢問病人的日常生活及家庭環境的醫師，大概少之又少吧。但是，既然以上都是引起疾病的根本原因，那就不應該迴避。

因此，即使是醫師，也是有不少人在不瞭解自己身體的情況下，茫然地過每天的生活。連身體的狀況都是如此，所以心靈方面也就更不去注意了。

心靈具有何種性質？扮演何種角色？如何活動會產生如何的反應？使心靈朝向哪一方向？如何駕馭它？關於它的使用方法及效果，我們都有必要知道。為何心靈是帶動身體及自己本身的駕駛？

儘管問題不少，但是，想主動瞭解清楚自己心靈的實態及其使用方法的人並不多。如此一來，就變成在無人駕駛的情形下，發動車子。

而且，自己的生活方式為何？在死亡之前做了什麼事？什麼樣的生活才能使我們滿足？對自己來說？幸福究竟是什麼？——連如此根本性的問題都從未思考過的人，還真為數不少。這種情形，等於車子既沒有地圖也不知道目的地就行駛在路上。這樣的人，連眼前一寸處都是全然黑暗的，前程一片黯淡，無論因為何事而變成一蹶不振的情況，都不是什麼奇怪的事。

無人駕駛的車子。就算有方向盤、剎車，它們的使用法不用說，連有這些東西存在都不知者也大有人在。對加油的知識一概沒有，而且既沒有地圖也沒有目的地，甚至連這條道路通往何方都看不見，這樣的車子一旦行駛在路上，怎麼會不撞倒人呢？

同樣地，人在人生各階段都會遭逢阻礙，碰上各種令自己傷痕累累的情況，一直往墓場走去。如果只是自言自語地說：「這樣的人生真令人不甘心！」然後就永別人世，不是荒唐了？所以，還是應由瞭解自己存在的根本部份開始，去過我們的人生，這是很重要的一點。

我想，這才是自然的生活方式。首先，要瞭解自己——這件事雖然極為重要，卻出乎意料地被人遺忘了。

◉稻米、蔬菜都浸在農藥裡的情形

有位龍年光先生，他以前擔任過東京都議會議員。我很佩服龍先生，他一直在大力呼籲，希望設法提供不含農藥的食品，不要戕害土壤。他這種孤軍奮鬬的品格，真是了不起。現在，龍先生主持了一個「土地和人類復甦會」，想要讓已經枯死的水田及旱田復甦起來。他寫了一本名為《土地與人類》的書，在這本書中，他用豐富的資料及採訪記錄指出農藥的可怕。

龍先生寫這本書的經過情形，便是問題所在。一九七二年當他仍是一位都議會議員時，日本遭遇到重大衝擊。

當時，糧食很不尋常地飈漲，因此而心理受到極大震撼的龍先生，想到調查事件的原因是否肇因於流通或生產方面的問題，於是前往各產地實地瞭解情形。

開始時，一直不敢開口的農村居民，因為龍先生的熱忱，終於一點一點地透露出他們所處的環境，以及目前的狀況。

他們真正說出的是：「我們為了購買農藥及化學肥料，非賣命不可，真是傷透腦筋，就算賣命都拼了，也常一無所獲。」農民們莫不苦於土地的凋敝。

根據農林水產省的指導，他們有義務使用一定量的農藥，結果，得到的卻是等於枯竭的土壤。以前，製造出肥沃土壤丘陵及各種微生物，都被農藥戕害殆盡，而水田及旱田的土壤，都變成和混凝土一樣硬。

然而，目前並無法停止使用農藥。原本土壤就已經很貧脊了，收穫量也減少不少，此時若是停止噴灑農藥，立刻就會有害蟲侵襲，遭遇致命性的打擊。由於先產生這樣的強迫觀念，所以就繼續使用更大量的農藥。

如此一來，收穫量不斷減少，且由於農藥高漲的重大衝擊，農產物也隨之漲價。

看到這種實際情況，龍先生不禁受到強烈的震撼。他終於辭去都議會議員一職，以接下來的後半輩子為賭注，致力於實現禁止農藥的工作。而他目前正為了「活的土壤」而四處奔波。

龍先生認為，目前農業的狀況，是農民被政府操控的組織問題。同時，這件事也說明了農藥是多麼可怕！

以前，一種稱為戴奧辛的毒素曾被當作農藥使用。戴奧辛是格拉那達戰爭時，美軍為了使格拉那達的森林枯萎而使用的除草劑，堪稱世界上最壞的除草劑。遭受它的侵害時，很容易生出畸型兒。據說，因為這種摧毀性的後遺症而深受其害的格拉那達人，現在仍有二百人之多。

過去就是有如此的劇毒，散佈在我們所吃的稻米及蔬菜之上。儘管最近已經禁止使用戴奧辛作為除草劑，但我不能對這件事等閒視之，以為它已成過去的歷史。因為，在被禁止之前，已經有摻入大量戴奧辛的農藥被散佈開來，而且已經滲透到地中。

不僅地中而已，它也進入地下水之中，流到河流，很可能已到達海裡。

除了農產物之外，河流裡的魚類及海草，也隨著海流流出，結果，據說連遠洋的魚都有被戴奧辛污染的危險性。而且，海水將會被蒸發成雲，變成雨落下，又回到地上，所以，人類幾乎是無所遁逃的。

當然，不僅僅是戴奧辛而已。據說，農藥中所含有的化學物質，縱使量極為微小，也會引起先天性的缺陷症及遺傳基因的突變，而且這些毒素高達一百種以上。

最近，即使農產物噴灑了農藥，也因為已培養出「百毒不侵」的蟲，所以蟲類都不易死亡，於是，開發含有更強烈毒素的農藥，並增加噴灑量，形成一種惡性循環。

◉輕鬆買到安全蔬菜的方法

由此可見，噴灑農藥的益處可以說完全沒有。為了解救農村荒廢的問題而購買農藥，並繼續噴灑農藥，久而久之，農村便陷入惡性循環，以致農產物完全被污染了。

我們怎麼會做出這樣的傻事呢？龍先生便為了這種情形在生氣。

從龍先生那裡聽到這種情形，我也很想為了消除噴滿了農藥的農產物而和他合作。我覺得，每天都吃污染非常嚴重的農產物，一點一點地吃下毒素，想起來真是可怕至極。

但是，就算我們決定要買無農藥的蔬菜，出乎意料地，它通常是非常費事的。如果想買到無農藥蔬菜，最好去找專門賣自然食品的商店，或找有志一同的人一起購買。

因為很麻煩，所以才會到我們身邊的超市去購買，但我們這樣做就可以了嗎？這件事，是攸關我們自己生死的問題。與其生病之後花費龐大的治療費，還不如不要吝惜一點點勞力，到遠一些的商店去買無農藥蔬菜。

不過，如果能就在附近的超市買到有機無農藥蔬菜，不花太多的力氣，那就再好不過了。既然如此，該怎麼做才好？我想到了一個方法，不知各位認為如何？

我們到經常去的超市買東西時，可以稍微問一下店主及出納人員：「你們不賣無農藥蔬菜？」

店主可能會騙你說：「因為有各種困難，所以……。」

但絕不要氣餒。下次去時你再問他：

「如果你們能賣無農藥蔬菜就好了。我所認識的○○先生及△△小姐也都在說，如果有那種東西，就不用到別的店去買了，一定會每天來買東西。」

每天向他們反覆說這些話，試幾天看看。

當然，也要請你認識的人及朋友一再重複這種做法，運用相同的戰術。開始時，也許店主忽視你的想法，但不久之後他就會逐漸開始考慮這件事。

「如果賣無農藥蔬菜，說不定會有不錯的銷路。」

店主在經過考慮之後，也許就會象徵性地在貨架上擺一點無農藥蔬菜，試試看銷路如何。此時最重要的是，你要呼籲那些事先互相約好的同志們，只購買無農藥蔬菜。如此一來，我們便可在附近的商店買到安全的無農藥蔬菜。因為，店主迫於情勢不得不增加賣場。

「不會那麼順利吧？」

我似乎可以聽到有人這麼說。然而，坐而言不如起而行，無論如何應先試試看。

如果我們只是坐著不動，就永遠無法得到無農藥蔬菜，保護己身的安全。否則的話，只好忍受這種不便。

詢問店主，或是對出納人員建議，我覺得並不需要多少力氣。和附近的家庭主婦們連絡，也只不過是日常生活極小部份的時間而已。而且，一旦成功了你也不會有什麼太大的損失。既然如此，這件事就值得鼓起勇氣去做做看。

如上所述，大至地球環境汚染問題，小至身邊的小事，一切都要由我們採取行動開始，問題才有可能得以解決。當我們開始行動之後，將會引起大家的共鳴，也許就成為很大的迴響。出乎意料地，這是改變農業的最快捷徑。

◉沒有比日本人的潔癖更奇怪的事

一般人都說，日本人非常喜歡乾淨。有人說，日本國民重視清潔的程度堪稱近乎神經質。日本人本身，也莫不深以為自己是愛好清潔、耿直且充滿道德心的國民。國民都很自負地說，東京是世間最方便，最有文明的大都市，經常引以為傲。

真的是這樣嗎？沒錯。東京犯罪率小，而且，我認為東京是一個很舒適，可以向全世界誇耀的大都市。但是，日本人真的是耿直而愛好清潔的國民嗎？

前些日子，我有機會迎接一位來自中國上海的客人。當我充當導遊帶他遊覽東京時，他在車站所說的話深深地刺傷了我的心：

「在中國大陸，並沒有這麼多菸蒂被任意丟棄在街上，雖然我們的街道比起東京的街道遜色得多。」

我感到很不好意思，立刻滿臉通紅。過去我幾度前往上海，的確，上海並不像東京那樣，到處都是散亂丟棄的菸蒂。

中國大陸的居住環境，比日本當然是惡劣得多。在大約六個榻榻米大小的房間中，往往還得天花板下面搭一塊木板，做成狹隘的閣樓，人必須鑽進房間去，而一間狹窄的房間通常必須睡六個人。廁所及自來水都是許多人共同使用，所以即使想說一些討好之辭，他們的住宅及建築物也實在稱不上美觀。

然而，他們不會像日本人那樣，把菸蒂任意丟棄在街上。更何況，我從未看過毫不在乎地在車站月台上吐口水的人，或是喝醉酒大吐特吐的人。

堪稱世界最富裕、繁榮無比的日本又如何呢？首都東京的車站，不管是鐵路或月台上，到處都丟棄了大量的菸蒂。

不僅菸蒂而已，毫不在乎地吐痰，紙屑也被任意丟棄，連一點公德心都沒有。無論如何挺起胸膛驕傲地說：日本是世界上數一數二的都市，仍在很多地方都表露出日本人心靈的貧窮。

假使到處都有如此恬不知恥的人時，那麼不妨瞭解他們在自己家裡的情形。是否垃圾好好地放進垃圾箱裡？菸蒂會放入菸灰缸裡並熄滅？我想大概沒有人會在家裡的榻榻米上吐痰吧。只要自己的家裡乾淨就好，卻將公共場所當作一個大垃圾箱。

這是一種十分原始的想法。以紐約的貧民窟為例，就有不少想法一樣的人們在過生活。

像哈林區那種地方，如果我們走在街上，隨時可能會有垃圾從頭上掉下來，說不定還有腳踏車被丟下來呢。除了自己所居住的地方之外，把一切地方都當作自己家裡的垃圾箱。對他們來說，整個地球就是一個大垃圾箱。

然而，家裡是自己的地方，所以便抱持「外面不是自己的地方，任何東西都可以丟棄」之類的想法，對這種想法，很難說它是有文化的。至少，不能說是先進國家。我認為，這是談國際性或其他東西之前應注意的問題。

儘管如此，也許有人會認為：「不，我只要自己的家乾淨就好了。」因為這種人認為，公共場所和自己並不相干，所以便任意丟棄菸蒂、口香糖等等。這真的和自己無關嗎？丟在車站的菸蒂及口香糖，每天都是由車站的清潔處負責掃除。

這些費用，當然是算在我們的乘車費用裡。

也就是說，垃圾由我們自己丟棄，卻由我們自己付錢請別人將它們撿拾起來。簡單地說，我們自己付錢來把街道弄髒，如此做無論如何都是十分可怕的事。

為了停止再做這種無聊的丟棄行為，應該怎麼辦才好？

在新加坡一地，如果任意吐痰、吐口水，或是丟棄菸蒂及垃圾，會被課罰相當大金額的罰款。不知是否由於此罰款制奏了效，新加坡人一向以他們世界最美麗的街道為傲。

也許我們也可以那麼做，但如果沒有罰款制度，國民就不遵守規定的話，就太差勁了。並不是說新加坡有何不好，但是，不用法律就什麼都無法推行的國家，是否能稱得上是一個有文化的國家呢？

還是由我們大家做起，儘量讓更多停止丟棄東西的行為開始吧。在車站或街道假使想吐痰的話，就用衛生紙擦拭乾淨，然後再丟到垃圾箱即可。口香糖的包裝紙不要丟掉，放在口袋裡，等到嚼完之後，就用包裝紙包起來，然後丟到垃圾箱裡。這些都是很簡單的事。

但是，大人們偏偏不想做這點小事。孩子說：「我要尿尿！」就毫不在乎地向孩子說：「就在這裡吧！」於是讓孩子在街道上小便。垃圾也是由父母率先任意丟棄，給了孩子錯誤的示範。

孩子們不知是否由於學校及幼稚園的教育得好，出乎意料地都能遵守公共的規則，會想將垃圾丟入垃圾箱裡。然而因為父母的做法是任意丟棄，所以孩子也終於模仿大人，之後就逐漸變成對任意丟棄垃圾毫不在乎。

有鑑於此，任意丟棄的社會習慣就很難改正過來。我們成人，是否應該好好地向孩子學習呢？

◉坐車或走路好呢？

在解決環境問題方面，最不容易的問題，歸根究柢來說，大概是諸如「我們是否能忍耐」、「我們是否能放棄現在的生活」之類的問題。我想我們將會遭遇這一類根本性的問題。

當我們聽到下酸雨、地球已經發生溫室效應、臭氧層已經有破洞，地球將面臨危機等訊息，任何人都會覺得大事不妙，也會覺得應該立刻想辦法。

然而，如果想阻止這些現象再度發生，那麼我們大概得停止使用向四處排氣的汽車。就算不必廢除所有的車輛，但至少應儘量減少車輛的數目。

如此一來，巴士、消防車、救護車等車種是有必要的，於是就變成是否要停止使用自用汽車的取捨問題。不能擁有自己的車子？一聽到這個消息，大概會有很多人說：「喂，等一下，我想想看！」無法立刻贊成取消自用車輛的辦法。

衆所周知，地球的環境是一個很嚴重的問題，但一旦它成為我們周遭的問題，就不得不猶豫不定、躊躇不前，環境問題的困難之處也許就在於此吧。

但是，對於汽車的問題，也應稍微用一點智慧，如此也許便能在保有便利的情況下，解決環境污染的問題。

舉例來說，大都市的交通途徑不妨利用電車、地下鐵、巴士，而不用自用車輛。嘗試這個辦法看看。不過，用共乘制的共用小型車，也就是合買制共同出資購買小汽車，效果又會如何呢。

因為共用小型車是同樣型式、車種統一的小型車，而且又引進無公害以氫氣及電氣為燃料的車子，所以應該可以減少不少污染。

兩人乘坐的小型車，比較不會造成道路阻塞，也不會浪費能源，所以也許比較理想。就把這些車子放在各處的停車場。想用車子時，就到附近的停車場去，把預先買好的預付車資卡插入任何一輛無人乘坐的車子。

此時，自動系統會自動導入，依照所行駛的距離長短而付費。到了目的地之後，就將車子停在最近的共同停車場。引進這樣的系統不是很不錯嗎？

與其像現在這樣，一人坐在大型車或高級車裡，還不如施行上述的制度。車輛小型化之後，空間的浪費便不再成為問題。結果，現在無法解決的道路擁擠問題，也可輕易地解決。即使不是完全解決，也能減少擁擠的程度。因此，不但能早一點到達目的地，也將比以前更便利。

另外，空氣也比以前更清新，街道變得更乾淨。新鮮的空氣，使我們的生活更為舒適。這些不全都是好處嗎？

問題在於，將車子停在停車場以外的地方，對環境問題一向心不在焉的人，我們應如何對待他們呢？關於這點，只要想出除了停車場以外不能長時間停車的制度，我想便能迎刃而解了。

據說，氫氣汽車及電氣汽車已經到了實用的階段。以東京目黑區區公所課為例，為了作為環境問題的對策，引進低噪音及不排放二氧化碳的電氣汽車，當作公務車之用。除了目黑區的車輛之外，現在日本國內大約有二萬輛電氣汽車在行駛。

再者，根據新聞報導，九〇年二月，奇異公司開發並發表充電一次可以行駛一九二公里，最高時速一六〇公里的電動汽車。

在日本，也有京都陶瓷公司發表了太陽能汽車，在試作成功之後，目前正朝著五年後商品化的目標而努力。最初的樣品車，是二人乘坐的，最高時速是六〇公里，充電一次天氣好時可行駛一六〇公里，即使夜間也能行駛約一一〇公里。

被稱為「未來車」的氫氣汽車，也已經達到實用的程度。根據九〇年七月讀賣新聞的報導，武藏工業大學和日產汽車公司合作，已經開發出能連續以時速接近一〇〇公里的高速行駛的氫氣汽車。

氫燃燒之後會和氧相結合，成為水。從水中將氧析離時，就變成氫。就環境面而言，它是一種理想的能源。它不但無公害，而且作為燃料的氫，幾乎是取之不盡、用之不竭的。所以，如果實用化之後，將會成為實現夢想再理想不過的車子。

但是，想普及電氣汽車及氫氣汽車的理想，目前仍有一些瓶頸有待突破。其中之一是汽車的價格。另一個則是加「氫」站的問題。姑且不論價格。如果到加「氫」站後無法適時補充燃料，非把車子丟棄在原地的話，就毫無用處了。

假使這兩個障礙都能解決，符合我們消費者理想的話，一切就不成問題了。

如果消費者都很歡迎電氣汽車及氫氣汽車，相信汽車製造廠商就會正式生產，價格自然也會降低。一旦電氣汽車及氫氣汽車普及之後，所謂的加「氫」站，也就非準備充電機及氫氣燃料不可。

就此意義而言，「消費者是國王」這句話便顯得很貼切。現在我們是否應該發揮身為國王的架勢，向汽車製造廠商及企業說：「我們希望你們這樣做、那樣做……。」而當我們實際上要購買車子時，選擇這種無公害車是很重要的。

◉環境運動是毫不困難的事

如果你為了地球的環境被破壞而擔憂，希望儘量阻止這種情形的話，或是希望自己活得久一點，不妨從身邊的環境運動開始做起如何？

雖然環境運動並不是什麼容易的事情，但也絕不是麻煩的事情。首先，應從自己身邊的事做起，如此即可。它並不是需要加入從事於環境活動的團體，也不是特別的事情。

最重要的是，每個人都在自己的生活中思考如何做，並確實付諸實行。

為此，更能想出更多要點。

首先，要買東西時，會考慮到丢棄時要如何處理的問題。例如，家具一般而言最好能選購耐用的材質，我們看歐美的家庭，他們往往在家中擺設很多據說已使用五〇年之久的古老家具。而且家具也是歷史象徵，常以此為傲。

有耐久性的家具，即使使用一百年也還是保持很好。就算稍微勉強一點，只要購買這種家具，便能使用一輩子。另外，這樣做至少關係到森林的生存。

東京的環境保護局曾經調查有關巨大垃圾的「排行榜」。一九八八年度，第一名是桌子，接著是椅子，共有四三萬六千八百八十九個，而第五名則是衣櫥，大致而言以家具佔壓倒性多數。家具就是這麼容易成為巨大的垃圾。

之所以產生這種情形，也許是因為買了便宜的家具，搬家時會有「再買一個新的就成了」的想法。於是，舊家具所形成的垃圾愈積愈多。要改善這種情形，應儘量選購好的家具，一直使用下去。

為了保護森林，最好也能避免紙張的浪費，尤其自從影印普及之後，紙張的消費量已急劇上升。影印紙真的是一種很大的浪費。因為我們都只用單面，已經用過的影印紙，其實還可以作為便條紙之用。

如果家裡有小孩，就把公司已用過而不要的影印紙要回家，給孩子們當作塗鴨的本子。

信箱裡常有許多廣告傳單，如果是有用的資訊那還無話可說，但幾乎所有的傳單都會被人們丟進垃圾箱裡。這也是一種資源的浪費。據說，郵寄物中大半都是這一類的廣告宣傳，所以，的確是非常可怕。遇到這種情形時，不妨打電話到寄發傳單的公司，或是寫明信片，請他們不要再寄來。

超級市場及商店的塑膠袋，也很可怕。最近，有些超級市場的塑膠袋是必須付費的，我對這種做法十分贊成。

如果自己預先準備好購物袋及購物盒再去購物，那麼，商家就可以不必供應裝東西的塑膠袋了。為了製造那些塑膠袋，需要耗費龐大的電力。考慮到這點，這樣的用心、努力是有必要的。對於百貨公司的過度包裝，也必須有勇氣去拒絕。如果不是如此，已經過度包裝的商品，商品的價值無形中就略為上漲。

到了最後，等於是被逼迫而購買我們不需要的包裝。而且，為了包裝所付的人事費用也不少。這些費用，最後還是要消費者支付。

我們都以爲免洗筷子是很清潔衛生的，所以一直在使用。這種免洗筷子之所以非常普及，原因可能在於人的潔癖。但是，這種筷子也許不能說一定是全然清潔的。

現在我們來想一想，這種筷子放在我們面前之前的過程。

據說，免洗筷子是用廢棄木料製成的。而且，它們都是在東南亞等木材生產地製造。用機械處理製造出來的免洗筷子，就被堆積在附近的倉庫。

接著，把它們裝上卡車，再裝上貨輪送到陸地，經由流通管道，送到各飲食店裡，在飲食店裡，原本沒有包裝的筷子被套上袋子，放在餐桌上。這樣的免洗筷子，哪裡是清潔的呢？那是不是只被裝在袋子裡，最後的樣子看起來很清潔而已？

如果需要真正清潔的筷子，最好是隨身帶著自己的筷子。把筷子放在簡便而美觀的容器裡。把容器放在背裡隨身携帶。

因為自己洗乾淨了，所以一定很清潔。

假使是學校的孩子們會很喜歡的筷子，那麼將會在孩子之間造成一股流行，大家都自備午餐用的筷子，而那些平常都讓孩子用湯匙，以致孩子都不會使用筷子的父母，也可以解決一項煩惱了。

不知是否有人可以設計出一種筷子，不但可以放在背袋裡隨身携帶，而且既美觀又別緻的筷子容器？如果真有這樣的人，地球環境財團將會很願意使它在全國普及。我想，如此一來，既可節省資源又可保持清潔，不是一舉數得的點子嗎？

◉廣告隱藏著魔力

在我們身邊，不知不覺中常會增加很多不必要的東西。即使我們意識到「不需要的東西不要買」，也會在不知不覺中被動地購買多餘的東西。

當注意到這點時，我們經常都會大嘆：「我被廣告騙了！」

我們不管如何拒絕，還是無法避免廣告製作人員的操縱，受到廣告的毒素所侵害。

當以廣告的威力為話題時，常被提及一件事，那就是在美國一家戲院所做的實驗。因為是很有名的真實故事，所以我想知道的人應該不少。

某家廣告公司進行了一項實驗，以測驗觀衆的消費意識。也就是在節目中很頻繁地插入爆米花的廣告影片，而播映的方式是讓觀衆不會感到那麽頻繁，結果，販賣店爆米花的銷售金額，增加為普通時候的數倍。

在一秒鐘二四格的影片中，只插入一格的廣告。也就是說，以1／24這種眼睛幾乎看不見的瞬間，將影片當作廣告播放出來。結果，觀衆雖然沒有意識到播映，但在無意識中，這些影片已經進入觀衆的潛意識之中。

這段故事，顯示廣告的效果是何等厲害，同時也意味著它是多麽可怕。廣告就好像在電影之中插入的爆米花廣告影片一樣，不管是訴諸於觀衆的潛意識，或是堂堂皇皇地播映數秒鐘的廣告，都是很巧妙地控制我們的心裡。

這樣一來，我們會在不知不覺中購買不需要的東西，因為我們已經深植一種固定觀念，認為不買流行的商品就趕不上時代，看到十分便利的商品，更認為不用就是一大損失……。消費者們患了流行病似地，買了大量不需要的東西。有時，這種情形會變成一種習慣。

例如：「上班族豐富的一天是從一杯咖啡開始！」這樣的廣告一天會播映好幾次。久而久之，上班族們不知不覺就會產生錯覺，認為不喝咖啡就無法營造出豐富的文化生活，誤以為咖啡比茶及紅茶更高級。

這種錯覺，甚至會產生「要喝飲料就喝咖啡」的固定觀念。而在公司中，也變成「有客人來時不端出咖啡就是失禮」的固定觀念。

其中甚至有人到別家公司去時，如果那家沒有端出咖啡招待他，只端出紅茶，就會認為：「這家公司一定是瞧不起自己！」

也許有人會反駁說：「不，我非常喜歡咖啡。我絕不是被廣告所操縱。」

但是，即使自認為是由自己的自由意志去選擇，大多數的情形，我們還是會被廣告牽著鼻子走。

企業從各種角度去分析我們的心理，在超乎我們想像的精密計算之下，逼迫我們接受某一個固定觀念。如果不想受到它的毒害，那麼，除非小心一點，否則就不容易避免它。

為何企業能做到這個地步呢?答案很簡單。因為基於利潤的考量，所以才不得不那麼做。我認為，營利第一主義是包括環境在內的一切問題的根源。

核能發電廠及農藥無法消失，可能是因為有些人由於這些事業賺了大把鈔票的緣故。森林的採伐也是一樣，一切都在脫離人類是否幸福此一基本命題，背道而馳。

艾茲索發明電機時，據說有一位尼古拉・狄斯雷的人，以和艾茲索迥然不同的原理，想出一個劃時代的發電系統。那是從空氣中取用無止盡的電氣，有如夢幻一般的系統。

然而，狄斯雷型的發電機，尚未問市之前就被封殺了。因為，艾茲索的發電機已經和財閥系統的大企業訂定契約，完成廣大的銷售網。

能無止盡地發電的系統，根本無法成為一樁生意，它永遠不會壞掉，只買一次的商品，是沒有銷路的。每次改良商品時，都能獲得龐大利益的便是最理想的商品。

狄斯雷型的發電機，我們現在此時無從了解它當時是否獲得成功。但是，至少有一點可以確知：如果狄斯雷型的發電機得以實現的話，那麼，人類便有必要去接觸核能發電這一類危險的能源。

位於廣告媒體延長線上的營利追求主義，是不是就是現在的地球，人類社會毀破的元凶呢?而這個元凶，比我們所想像的來得狡猾得多，具有超乎我們預期的力量。

現代人類社會的不幸，大概可以說在於無法完全從戰時經濟轉變為和平經濟。第二次世界大戰時，各國製造兵器及彈藥的軍需產業，都有很大的發展。

這些產業，因為規模太大，所以可能不會突然解體，或是讓從業人員轉業。

如果這些產業崩潰，那麼就會有大量的失業者充斥於街上，也有可能從社會不安發展為社會恐慌。因此，雖然一方面設法讓他們轉業，但另一方面也必須繼續從事於這些產業的基幹——兵器製造。

我們常常聽說，其中的一種手段便是美、蘇之間的冷戰。但僅僅是在冷戰情況下的軍備競爭，因為兵器的消費不多，所以並不能期待需要的擴增。

因此，就會希望在某處發生戰爭，無論是在中東、南美等任何地方，一旦發生了戰爭，武器、彈藥的消耗就會大為增加。

事實上，不僅是武器、彈藥而已，軍需物資的種類很多。例如，格拉那達戰爭之際動員了五〇萬人，其中五萬名士兵派遣至戰場，四五萬名士兵則是後方支援部隊。

假定，每天分配給五〇萬士兵每人二瓶清涼飲料，僅僅如此，清涼飲料公司便可保證一天有一百萬瓶的銷售額。沒有比這種情形更好的事了。

日本經濟也屬於這樣的系統之中。也許有人會反駁說：「沒有那樣的事，因為日本是禁止武器輸出的。」

但是，前述的軍需產業，並不僅限於兵器的製造。

戰爭一旦開始，就需要內衣褲、鞋子，以及剛才舉例的飲料及糧食。

為了輸送這些物資，必須有運輸這些物資的相關公司，以及為這些公司購買物資的職員，給職員採購的超級市場。這樣的企業都能大發利市，因為，所有的物資都會比平時消耗得多，大量消耗的數字十分驚人。

結果，戰爭中可以大撈一筆的便是軍需產物。雖然不會直接販賣兵器，但我們也不能否認，兵器的輸出會成為零件、半導體、工業產品的輸出此一事實。

更重要的是，戰爭可能會給地球的環境帶來極大的傷害。中東波斯灣戰爭發生時，幾乎所有的人都忽略了這點。

例如，當伊拉克將五七萬～一四三萬桶原油倒進波斯灣時，這個問題遂引起大家的注意。流出來的原油的粒子附著在浮游生物上，而回游的魚類吃掉這些浮游生物，然後人又吃了被污染的魚類……。

由於如此的食物連鎖，很可能引起整個地球的大規模污染。也有人說，在將來的一世紀之內，人類將會受到這種污染的影響。即使是海珊並未做出傾倒原油這麼愚蠢的事，地球的大氣也會被大量投下的炸彈及原子彈所污染。

這樣想起來，乍看之下和戰爭絕緣的和平國家，居住於此國家的人們，也因為隸屬於某一個企業，為公司工作，面對此戰爭也有所貢獻，認真說來，我們好像是間接地以自己的手去掐自己的脖子似地。

因此，我當然不是要各位現在立刻辭去公司的工作。不過，我們是否有必要認識，目前的經濟結構已經處於危險的境地此一事實？

最大的敵人，是我們這些一般民衆的漠不關心。當我們覺得：「地球環境的汚染和自己無關！」在不知不覺中，我們早已被一部份的權力人士及賺錢主義者所操縱了。

如果能一直相安無事，那也就罷了，但是，遲早有一天超乎我們預期的重大傷害會來臨。為了避免被廣告媒體所操縱，還有必須注意的一件事，那就是「單純的疑問」。

關於我們想購買的東西，考慮「是否真的有必要？抑或只是為了販賣的商品，並無太大用途？」我們都應有此餘裕，看清自己的需要。

進一步來說，當到了非丟棄不可時，也應問問自己：

「會不會造成環境汚染，自己最後也受到影響？」

「在製造這個東西的階段，是否有給環境造成很大的汚染？」

「這個東西是不是可以給人類帶來幸福的商品？」

如果能這樣反問自己，那就再好不過了。我們是否應該主張作為一個「消費者國王」的一切權利？我想，唯其如此才能以良幣驅逐劣幣。

第五章　過著像水母一般的生活

◎以往是一個懦弱、拒絕上學的兒童

我是一九三五年出生於中國東北部偽滿州國的首都新京，也就是現在中國大陸東北省的長春。

當時日軍高倡：「為了抵抗歐美列強，亞洲所有的國家必須團結起來，由日本擔任盟主。」這個理論曾喧騰一時，而在日本軍方侵略亞洲諸國的時代，更確立了「大東亞共榮圈」，在歷史上留下一筆爛帳。

但對當時的日本人而言，日本政府讓日本人深以為確立大東亞共榮圈才是唯一的正義。為了作為大東亞共榮圈的象徵，更建設了全世界最偉大的超近代國家，這個國家便是偽滿州國。

當時有一句話是說：「那真是建設一個完全嶄新的國家。」也就是說，在一個什麼都沒有的廣大地域要新建一個超近代的首都。

而且，新誕生的都市，必須使用最新技術建設出來。

因此，集合了學習最先端技術的學生們，一起來建設長春這個都市。我的父親便是其中一員。父親出生於日本奈良縣。據說我的祖父是一位很能幹的人，以前替人推貨車，只經過一代便建立了財富，我家在當地被大家公認為最具名望的家族。而這個家族的三男，便是我的父親。父親年輕時是一個頗具天份的學生。

他曾就讀於現在名古屋工業大學前身的某所大學，學習建築學的同學，也在全國馬術大會獲得優勝，活躍於名大網球比賽，堪稱是文武雙全的學生，這些經歷，對他日後的發展有很大的幫助。

從學校畢業不久，為了從事於偽滿州國首都新京的建設，他進入建設省工作，而在滿州等待他去赴任的是一片非常廣大的荒野。

那個地方有稱為馬賊的盜匪到處橫行著，做出一些無法無天的勾當。如果在外面行走，一不小心就會遇到馬賊的襲擊。

事實上，連滿州銀行及滿州鐵路的重要人物也被馬賊俘虜了。當時幾乎沒有交通工具而只能騎馬的父親，便僅僅因為會騎馬而迴避了性命的危險。

當然，他也能充分發揮身為建築師的本領。他可以說是菁英中的菁英，很快地職位便一直往上竄升。我出生時，新京的建設已經進展至某一個階段，隨著這種情形，我父親的地位，應該也升到相當程度。

因為我當時住的房子，在東京也是少見的地上二層、地下一層的鋼筋水泥式宅邸。居住於此，彷彿置身殿堂、整棟房子都有冷暖氣，真的是一棟十分舒適房子。當然，房子完全是由父親一個人設計的。

除了家人之外，這棟房子還有二十四小時留守於地下鍋爐室的兩名中國籍鍋爐工，佣人則有三、四名，連司機也住在我們家中隨時待命。現在回想起來，仍是十分豪華的生活。

我因為置身於典型的少爺式成長環境之中，同時又身為長男，所以一向被寵愛有加的我，是一個懦弱的人。不僅身體虛弱而已，在精神上也是一個依賴性很強的少年。當時我是一個拒絕上學的兒童，從家門踏出一步都害怕得要命。

就算到了學校，也無法和同學好好地相處。因為害怕看到陌生人，無法和人面對面交談，而且我又是一個時常出入醫院的病童，身體一向虛弱，所以更不會有朋友。結果，自然不想去學校。

但是，我的父親是一位非常嚴格的人，如果不到學校去，就會被他丟到外面。因此，我常常假裝到外面去，然後又偷偷回家，請佣人讓我躲在他們的房間裡。

在微弱的檯燈下，我翻閱從父母的書架偷來的中文書，拿到壁櫥裡，讀著才剛剛學會的中文，幾乎每天都這樣度日。

不久之後，讓我這樣脆弱的少年無論如何非改變性格的命運來臨了，序曲是父親的逝世。一九四四年，父親罹患了發疹性傷寒，很快地就撒手人寰。確實是令人措手不及，他只躺了一天就嚥下最後一口氣。

當時，醫療技術並不像現在這麼進步，而且，他身在遠離日本的滿州國的都市。藥品缺乏的時代，一旦生病倒下去就永不再起來的人，為數不少。

儘管如此，由於當時父親已經晉陞到偽滿州國以準國葬處理某葬禮的地位，所以我們心裡並沒有不安、惶恐，我家仍繼續過著和以往同樣的生活，沒有不方便之處。

雖然不知當時母親的心情如何，但至少我們這些子女仍認為，那樣的日子將來必會繼續下去。未料，這種想法原來只是一種幻想而已。從那天起，我的命運便有了一百八十度的大轉變。

◉沒有人知道明天會如何

那一天，一九四五年八月十五日……。

家人都聽從母親的指示，聚集在收音機前。母親及其他的大人都不知為何擺出端正的姿勢。僅僅如此，身為孩子的我們也能感覺到：現在即將發生不尋常的事。

不久之後，從收音機裡傳來的是混合著雜音，令人感到沈痛的談話。母親說，那是天皇陛下的廣播。我環視周圍，看見大人們都在哭泣。日本打了敗仗？在我幼小的心靈裡，也能體會到大人們的悲慟。

可是，敗戰意味著什麼？自己將會遭遇什麼事情？當時根本無法想像。我實際上所真正面對這件事的時候，是在佣人們慢慢地向我的家人這樣說之後：

「這些土地及房子都是我們中國人的，所以請立刻出去！」

在那些佣人之中，有一些曾經是幫助過我，和我相處的人，一聽到這樣的話，我不禁愕然不已。然而，想起來這件事也是理所當然的。因為，以支配者自居的日本人，原本就是外來者。

當然，當時我並未考慮到此一層面，只是被遽變的命運逼迫而已。我們只穿著單薄的衣服，突然被趕到外面去。

日本打了敗戰的同時，銀行也被封鎖了，我們的積蓄頓時化為烏有。連帶在身上的一點點日本銀行券，事實上也失去了作為通貨的價值，真的是一文不名。

最糟糕的是，對身體虛弱的我來說，最難捱的便是滿州的寒冷。到了冬天，氣溫就會降到零下二〇~三〇度。我雖然在這個極寒之地生活了十年之久，但是，一向在優渥的環境、很暖和的日本長大的我，在那之前，從未感受過自然的嚴酷。

雖然勉強租了中國人家庭的一個房間，但嚴酷的氣候實在令人無法適應。我自己也想過，怎麼可能活下來。

而且，我們在那樣的極寒之地下，為了求生存，即使是孩子也必須站在街上做生意才行。我們把草蓆鋪在街上，家裡的東西不管什麼都拿出來兜售。假使不那麼做的話，在當時絕對活不了。

我們賣掉西裝、家具、日用品，甚至有自己修補過有很多補丁的襪子。如果家裡根本沒有東西可賣的話，就要去撿可以賣的東西，反正什麼東西都賣。

一旦東西賣不完時，母親就不讓我回家。母親對我們這些孩子，一再逼迫我們要自立。可能母親當時已經預知，假使不那樣做就活不下去。

結果，長達二年以上的歲月中，我們就輾轉於滿州各地，好不容易等到把日本人遣返日本的船，從大連出發，終於能回到日本。

不過，我在滿州的這番體驗，對我的人生觀有很大的影響。

如果我沒有這種敗戰的體驗，可能就沒有現在的我。不僅如此，作為一個人，我也可能無法自立，變成很窩囊的人。

我非常感謝給我這樣考驗的蒼天，經過一番經歷，我長大了不少。

我在滿州學習到，這個世界的人，根本就沒有絕對及可以妄下斷言的事情。無論表面上看來多麼平安無事，日常的一切事情，也都是由許多不確定的要素所構成。

如果人間真有什麼絕對的事情，那只有一項真理而已：一出生之後死亡遲早會來臨。無論是考試、戀愛、就業、結婚，也不過都是發生在死亡之前的一連串漣漪而已。

像我這樣在一夜之間就面臨命運改變的境遇，是很多人有過的情形，有時，也會面臨自己所建立的東西全都毀於一旦、一無所有的情形。因此，我認為每個人都應以毫無後悔的態度去過一天的日子。

◉自那天起我知道了生命是借支來的道理

我之所以沒有物質的慾望，也許是因為我認為自身的生命及財產終歸是「借來的東西」吧。它們並沒有被規定歸返的期限，有如租賃物一般，但不管何時要我們歸返，我們就非歸返不可。

成為這樣生死觀的基礎，大概是在滿州的體驗。在從滿州回到日本將近二年的期間內，我的眼睛看到無盡的生命無常的事例。尤其是在大連發生的二件事，對當時年少的我留下極大的心靈創傷。

有一天，十餘家鄰居聚在一起商量，決定拿回當時由蘇聯軍管理但屬於舊日軍兵營裡的生活物質。說得清楚一點，就是想趁黑夜去偷。

不過，包括我們一家人在內，絲毫沒有竊盜的感覺。因為，那些東西本來就是日軍的，而且最重要的是，我們只想到自己活下去的必需品留在那裡。

我們決定分配物質時，按照每家人的人數，不過每家都要派出一名代表。在我們家只有我一個男人，所以當然由我去。

那天晚上，我們破壞了鐵絲網，踢破了木造的牆壁，偷偷地潛入像飛機停機棚一般的天花板，進入很高的軍營。我們目標中的物質堆在約三樓高的棚架上。我們放了梯子，必須有人爬上去將物質丟下來才行。

而在參加的人員中，只有我是孩子，而且比較輕，所以便接受丟擲物資的任務。我從上面把米及日用品丟了下去，大人們則用傳遞的方式，趕緊裝上外面的板車。

說大膽也實在非常大膽，最後，監視的蘇聯軍也注意到了。騎著馬的蘇聯上校，不知高喊了一句什麼，一跳進來便用槍濫射。

後面有拿著機關槍的士兵湧進來。有人大喊：「糟了！」大家都踢開門拚命逃。

支援的士兵也接踵而至，而子彈就像落雨一樣飛過來。在我面前奔跑的男人突然「砰！」一聲倒下去，但沒有任何人去照顧他。大家越過他的屍體，拚命地奔跑。我也越過他的屍體逃開了。

現在想想，如果說當時是他代替我挨那一槍，也沒有什麼不對。如果當時我的頭部稍微偏一點，也許就會被擊中。

當我回過神時，已經和其他的大人們一起推著日用品的車子，在毫無人影的街上走著。

我想，人的韌性是很大的，並沒有那麼輕易死亡。人的命運好壞只是一紙之隔而已——我更深深感覺到這點，而觸發它的是一位朋友的死亡。

大連是載運日本人回國船舶出航的港都，同時也是美國海軍陸戰隊的登陸地點。當時的海軍陸戰隊是以不怕死、十分粗暴的男性集團而聞名。

而且，大連不僅進駐了中國人民解放軍最前線的士兵，甚至連天不怕地不怕的蘇聯軍第一線士兵也插上一腳。

但我們日本人間根本就沒有警察，也沒有法律，完全是一個三不管地帶。

強盜、掠奪是理所當然的，尤其是雖然是敗戰之國的國民，但仍有不少隱藏大量財產的日本人，他們便成為別人的目標。我們一家人所租的房子，竟有七次遇到強盜的記錄，而這還不是特別多的數字。

年輕的女性被軍隊的士兵蹂躪，籠罩在恐怖的陰影之中，人人戰慄不已。從我們曾經臨時住過房子附近的花街，可以看見滿載著只穿內衣褲的年輕女性，卡車經過著，傳來悲慘的喊叫聲，她們不知要被帶到什麼地方去。這種情形，我不知目擊了幾次。

美國、蘇聯、中國的士兵們也經常打架，而且打起來都非常厲害。他們喝得爛醉，大白天就用手槍互射。似乎每天都在進行這樣的巷街戰。他們也常用手榴彈、機關槍一決勝負。

有一次，我和一位很要好的朋友兩人坐在家門前的石階上談話，就在此時，我們數百公尺前又有人在打架了。

看來好像是幾個年輕的蘇聯兵想搶奪，被GPU責備的樣子。GPU是蘇聯的秘密警察，也就是目前蘇聯秘密間諜組織KGB的前身。

對我們而言，GPU是唯一站在日本人一方的人。他們在蘇聯士兵有掠奪、強盜的行為時，有權可以當場射殺現行犯。

隨著警笛聲響起，開著軍用摩托車的GPU士兵也抵達了，一到現場便開始聽到槍戰聲。當時，正想把掠奪品搬上卡車的蘇聯士兵，一方面以自動小槍應戰，一方面想跳上卡車逃走。開著軍用摩托車的GPU立刻追逐他們。那種情形，就好像是電影中的一個鏡頭。

已經習慣那種光景的我們，當時有如看西部片一般。

後來，想逃走的卡車撞上電線桿，「嘝！」一聲巨響之後，卡車裡爬出滿身血跡的蘇聯士兵……。

我看到GPU的軍官無情地朝向年輕的蘇聯兵頭部扣扳機，給他致命性的一擊。在那一瞬間，他的腦漿四溢，狀甚恐怖。那天的巷街戰就此結束。

我向我的朋友說：「哇，不得了，你看！」但他沒有回答。我回頭一看，他已經倒在地上。原來他中了流彈不幸身亡。

我現在仍會突然想起，當時我和他之間的距離僅僅三十公分而已。分出生死之別的只是三十公分的位置而已……，那究竟是為什麽？即使我和他的立場相反，也絲毫不足為奇。

如果這是預先安排好的命運，那實在發生得太自然了，但若是偶然的事件，則又太悲慘了。現實就像走馬燈一樣，快速地轉動、變化，在僅僅二年的期間之內，我深深體會到的便是命運的嚴酷及善變。

◉為了享受在此人世的體驗而活吧！

不知何時會到期的生命租賃返還期限，令人感到生命的無常。我想這種情形並不只是因為滿州是個無法地帶而已。因為我們活著，所以我們才經常被暴露於危險之中。是不是這樣呢？

這樣想的話，則不管處於任何狀況都不會畏懼。不管乘飛機或走路、在家睡覺都是一樣的。如果改變看法，就可以說世上沒有一件確實可靠的事。

而且，我也很瞭解執著於現狀及對物慾的追求，都是無謂的。再者，為了將來而犧牲現在也是不智的。

只有心裡有準備，無論何時逼我返還生命也能乾乾脆脆地返還就好了，因此我希望現在全力以赴去過日子，希望過這種沒有悔恨的人生。

「你租的生命期限已經過了。現在我要你還給我！」直到命運之神對我這句話的剎那為止，我想儘情地享受人生……。

前些日子，我和瑪格麗特女士見面，她告訴我如下的事情。占卜師是漂浮在宇宙之中的意識體，在我們之間擔任媒介，可以說是有如靈媒一般的存在，而且成為和無肉體的高次元意識之間的橋樑，是具有特殊能力的人。那位女士是這樣對我說的：

「您在尚未出生、沒有意識之前，是志願來到這個人世的，你的志願是成為推銷員或老師。」

根據瑪格麗特女士所言，所有的人都是為了要在具有肉體三次元的世界享受而出生的。而為了充分享受人生，我們都在生命開始之前選擇好的某種生活方式，然後才出生於這個人世。以我而言，聽她這麼說我才發現，我所選擇的推銷員或老師的道路，似乎在我目前的職業上獲得驗證了。就電視導播將事物傳達給人們的意義來說，它正是結合了教師及推銷員的職業。

我覺得我們正如瑪格麗特女士所言的那樣，為了體會三次元的世界才有的樂趣而出生的。因為具有意識的世界，才是較高的次元，所以的確有所謂的靈性。但精神世界裡，應該不會產生戀愛、工作、運動等等現實世界的熱情。

即使對於別的靈魂意識到愛，有靈魂相結合的戀愛感，也應該不會產生上述的熱情，例如不惜排擠別人也要得到某位女孩的熱情也是。

這麼一想，認為幸福是幸福時，我們的感情起伏變化，必然和物質世界有極大的關係。

安詳的性靈世界，也得到精神上的滿足，可能就可以過一個很充足的人生。但因為沒有物質，所以我覺得，如果想玩一場人生遊戲的話就很無趣了。因為沒有任何值得我們去做的事情，沒有行動的目標，所以當然提不起生活的勁。

前些日子，我看了一部電影名為「第六感生死戀」，這是一部很能表現精神世界那種無趣的電影。片子描寫一個男子抛下戀人而逝世的故事。變成鬼魂的他，以各式各樣的方式去尋找他的戀人。但很悲哀的是，他沒有實體。當她遭遇到壞人的襲擊時，他很想幫助她，救心愛的戀人一命，所以心裡焦慮不已。但因為沒有實體，所以使他苦於無能為力的狀況。

如果真有地獄的話，我想大概就是這種情形。據說，人死後會成為浮遊靈或地縛靈，繼續在這個世界上徘徊。但是，靈魂只不過是靈魂而已，無法和活著的人溝通。

關於這點，我們具有肉體的人，如果想到什麼事都能去做。這種想法也許很不好，但端看個人的想法如何，從某一角度來看，這是很快樂的一件事。

事實上，任何新的體驗都能給予人快樂。我年輕時，為了打工而從事各種各樣的工作。例如，我做過酒吧的服務生，那時就很有服務生的樣子。做麵包店的外務員時，也表現出符合身分的樣子。就算能體驗到未知世界那種令人內心振奮的快樂，我認為我還是為了享受三次元的物質世界而帶著肉體出生的。

果真如此，我就不願浪費掉世界租賃給我千載難逢的機會。如果不是儘情地享受在此人世的體驗，我覺得那就白走一遭了。

大家常常問我：「您的本行是什麼？」也許是因為我過去做過太多各種事情，所以由別人看來往往搞不清楚究竟我的本行是什麼。就此意義來說，我自己也搞不清楚我的本行是什麼。我只是依照當時的好奇心而認為：「我希望在活著的時候有各種不同的體驗。」所以才什麼事都想做。

因此我肯定地回答大家說：「我的本行是叫『我』這個人，而我是為了『自己』這個人而活著的。」

職業當然不用說，連遊玩、讀書等等，全都只是一個人一生中的片斷罷了……。

◉名叫神的宇宙電腦

今年，我很難得地有機會去做一年一次的新年膜拜。真是人山人海，擁擠得不得了。據說，明治神宮及川崎大師這些位於首都圈的神社，三天之內會湧進二百萬人以上的人潮。看來大半的日本人都來做新年膜拜。

但是，幾乎所有的人根本就不在意神社供奉的是什麼神。天滿宮是供奉菅原道真，稻荷神社則供奉狐仙。不管供奉的是人或動物，人們都以莊嚴虔敬的表情兀自祈禱著。有些神社所供奉的神是男性偶像，儘管如此，人們仍絲毫不以為意。我覺得日本人的宗教觀真是有趣。

神究竟是什麼？

地球既沒有引擎也沒有剎車，為何在太陽周圍達四六億年之久，卻一直沒有撞到什麼東西？而且，太陽是在銀河系的中心周圍運行，而銀河系又在大宇宙的中心周圍運行。想起來真是不可思議。

地球並不是僅僅受到來自太陽的重力而已。它也受到火星、木星的重力。不，甚至受到來自全宇宙無盡的星球的重力的影響。但是，四六億年之間它連一瞬間都未停歇，繼續運行著。這種不可思議的現象，會不會就是神的魔力呢？

如上所述，讓宇宙所有的星球都井然有序地運行，而且，不讓它們突然碰撞在一起的控制力量，是不是神的力量？

另外，控制地球的小蟲及微生物由生至死此一固定過程的力量，也是神的力量。我們可以說祂具有巨大無比、像電腦一般的力量。

我們暫且稱之為「神」，或許還有人無法明瞭，如果以電腦來比喻的話，便容易瞭解。

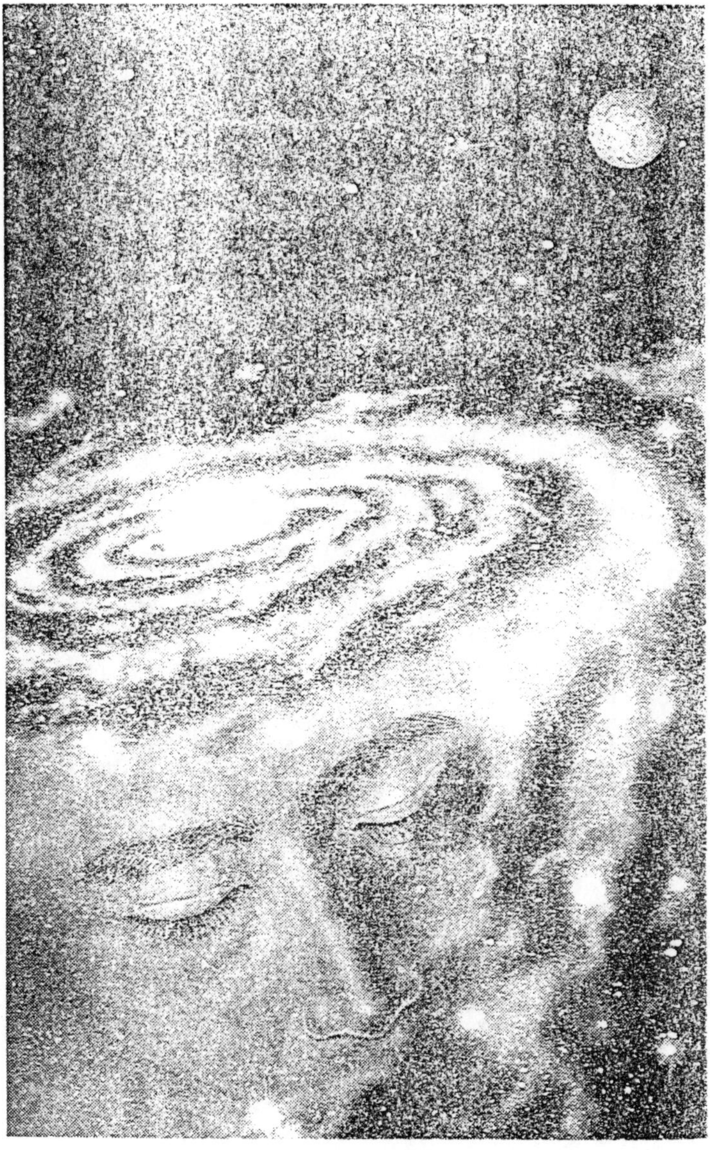

那是眼睛看不見、散佈至整個宇宙裡巨大無比的電腦。

我們完全被籠罩在這個電腦裡。不，應該說已經成為它的一部分。也許正因如此，我們才未注意電腦的存在。

在這個電腦裡，收容了自宇宙形成直到今日為止一切發生過的事，無論是多麼遙遠、多麼微小的星球所發生過的事，以及任何星球上的小生物，甚至是一粒砂，這些自開天闢地以來到今日的資料，全都輸入了電腦。

然後，計算一切在宇宙可能會發生的現象，而按照計算讓它運行。不，不僅是過去和現在而已，連將來可能發生的現象，也全都在程式之中。

現在我們假定，它就是一部超級電腦。

存在於宇宙的一切事物，都會按照這個宇宙電腦的程式去運作。例如，草木是如何運作的?它們到了春天就開花，一到秋天就落葉。這種情形，也是忠實地遵守宇宙電腦看不見的指令而生存所致。

◉「人自從吃了智慧之果後就變得不幸了」

那麼，人類又是如何?

事實上，地球上是否只有人類才是得以親身直接接近宇宙這個大電腦的功能的生物呢？人得到稱為腦的私人電腦，且已經進化到能使用此私人電腦去接近宇宙電腦。也就是說，人類獲得能以自己的意志去左右命運的資格。

另一方面，宇宙電腦的程式是有彈性的。每一種現象也都順應每一瞬間的變化，且已預先準備好數萬種不同的程式，能自己行動便有意識地，有些生物則在無意識中選擇其中的一個程式而生存。

以我們人類為例，人的每一瞬間都在做「兩者選一」的抉擇。現在假定我們在咖啡店裡和情人談話。要喝眼前的咖啡，或待會兒再喝？站起來去上廁所，或待會兒再去好？連這類瑣屑的小事，我們都在做抉擇。

此時，假定我們選擇了上廁所，卻碰巧遇到出乎意料的朋友，坐在別的位子上，也許由此談話發展到意想不到的商談也說不定。

或者，當我們上廁所時，半途踢到東西跌倒，撞到桌角，情形很不好被人用救護車送到醫院去。

另一方面，當我想到：「待會兒再上廁所。」而仍然走出去時，就不會發生那樣的事。不過，又可能讓熱咖啡溢出來，燙傷身體。也可能為了一點點小事，和情人吵架，就此分手。我們經常有意識地，無意識地做著諸如此類的抉擇。

人類應該是得到了為了接近宇宙電腦的終點，也就是稱為腦的私人電腦。但是，人們不知爲何忘卻了宇宙電腦的存在，開始產生一種錯覺，認為腦是使一個人自己會走路、非常了不起的電腦。

人們過度相信自己的腦，認為由自己去思考是最正確而可靠的，所以開始行動。聖經中說，人類自從吃下智慧之果後就變得不幸了。因為我並不是信徒，所以也許這句話說錯了，但各位不妨把它當作一個比喩，原諒我吧。

總之，人們忘卻了「神」（宇宙電腦）的存在而開始思考（用粗陋的電腦程式去操作）。但私人電腦無論如何都只是私人電腦而已，無法做複雜的計算。

因此，人們經常算錯，每次都嘆氣說：「應該不會這樣才對啊！」小至日常生活所發生的事，大至人生設計、戰爭、環境污染等等，全都不在自己的計算之中。

如上所述，因為自己的想法是不確實的，所以對一切事情都會有莫名的不安感，開始產生恐懼心。那麼，當思考「怎麼做才好？」時，可能就會回到原點，虛心坦誠地去接近宇宙電腦。

因此，不要自個兒胡思亂想，一切都變成巨大的宇宙電腦。由另一個角度來看，宇宙電腦可以說是把一切資訊同時播送到宇宙任何角落，有如巨大的電視台一般。

以我們人類的電視台來說，當我們說話的這瞬間，東京就有七個電視台正在播送不同的節目。

但是，因為眼睛看不見，所以我們並不知道發生了什麼事。如果有電視機的話，只要打開頻道的按鈕，便能收看節目。此時我們才知道：「喔！電視台正在播放節目。」

宇宙電腦也因為看不見，所以我們並不知道它的存在。但重要的是，只要我們接近它轉動按鈕，就會有令人驚訝像洪水一般的資訊傳送出來。

不僅如此，只要將我們的願望輸入電腦，按照我們的程式，它就會為我們實現。

那麼，如何接近它呢？我想應該虛心坦誠地傾聽宇宙電腦的電波。不要以自己淺薄的智慧去思考。此時，應捨棄一切先入為主的觀念、固定觀念、常識而以真正坦然的心態去接近宇宙電腦，真心地遵從它。

當我這樣說時，可能會有人說：「只是這樣嗎？太難了，我不懂！」但也只有這樣，別無他法，看來只好自己去做做看。

◉想不好的事還不如不想……

你也許會覺得我很奇怪，但我是真的希望能像蝸牛那樣伸出觸角，摸索著而度過人生。委身於潮流，自己不胡思亂想——這就是我想過的人生，我過去也是以這種態度在生活的。

例如，當我受邀演講時，我並不會想太多，而是由自己的意志決定是否前往，或是如何做，我是順其自然而行事。

邀請的人打電話來，向我打聽說：「想請你做這樣的演講，不知您意下如何？」此時，我正好在家所以接了電話。後來大家都抱怨說，打電話給我總是找不到人，所以那位邀請者能被我接到電話，真是很少有。能接到他的電話，也許是和某人有緣份。我看了一下行程表，當時正好是空檔，因此我暫且回答說：「我知道了。」

之後，則順應自然演變情形如何而決定。對方會詢問我時間，希望和我洽談。對方會說：「哪一天我們見個面吧。」此時，如果對方也方便的話，我心裡便開始盤算：「答應他是否可以呢？」

但並不是這樣就決定要應邀演講，也許不能和對方洽談。約定好的當天，我也許會接到絕對無法擺脫的緊急工作。或者，因為演講的經辦人生病而停止。也有可能因為發生事故而無法洽談。縱使能順利洽談，接下來我也不知道當天我究竟是否能抵達會場。

說不定臨時有颱風來，而我本來預定搭乘的飛機無法抵達現場。總之，在尚未站上講台開始說話之前，我都不能確定是否能完成演講。

如果中途發生任何事故，無法和對方洽談，我就把它當作「蒼天的程式」，聽任安排，我不會勉強去想辦法。例如，我為了去演講所搭乘的飛機，延遲了很久，假定我趕不上演講的時間。但此時如果搭電車去，也許能勉強趕上。

可是我從不勉強自己，因為我認為，勉強之下以自己的想法去行動，會違反蒼天的程式。一切委諸於蒼天的安排，當一切都進行得很順利時，才知道此過程是正確的。

我這樣說，也許會被人誤會我是個消極的人，但真正瞭解我的人，一定不會那麼想。

◉當無從選擇時就選擇自己覺得最舒服的一種

我的生活方式，如果以在河川裡游泳的人來作比喻，也許會比較容易瞭解。河川最後流向大海去，而在河川上游的我，遲早會游向大海去。

以違反自然的潮流，在流速很快的河川中央游泳的情形來說，當我們橫越急流時，就會消耗掉很多精力而感到疲倦。但是，最後我們同樣會游向大海。

其中也許有人想向上游游去，想這樣做並不容易，必須一整年拚命地游泳才行。即使拚命地游去，幾乎不曾停歇，也沒有享受周遭景色的餘裕。而且，最後抵達大海所需的時間也只多不減。

人們以自己淺薄的智慧去思考、去行動，在這種情形下，即使自以為好好地考慮過了，到了最後結果又會如何？

那麼，委身於潮流會如何？這似乎不必使用勞力，潮流自然會把自己送過去。此時，我們能優哉游哉地環視周圍，優哉地游泳。

有時，我們能處身於靠近河川末端緩慢的水流，有時，到了河川中央水流湍急的地方，但因為我們委身於河流，所以我們不會疲倦，能很自然地抵達大海。

金錢的潮流，也和河川相類似。在中央流速很快的地方，會有大量的水匯流而來，但也會瞬間流出去。流速緩慢的地方，流進來的水量並不多，而流出去的水量也是緩慢的。這些水流等於是金錢。

如果在中央向上游來游去，就會有很多金錢進來，但留在自己身上的時間只是一瞬間而已。

我比較喜歡委身於河流的游泳方式。不違反蒼天自然的潮流，像小船一般漂流到大海去。我認為，人生經常都在做「左」或「右」兩者選一的抉擇，人生就是一連串的抉擇。例如，現在你外出或留在房間裡，也許就會有迴然不同的命運在等待著。

也許，因為外出而遭遇到不幸，也許因為留在房間裡，被掉下來的照明器具砸到。

無論如何，我們經常都在抉擇中度日。而在做抉擇時，我選擇儘量不要由自己考慮過的道路。如果考慮過多的話，無論如何會變成計算較多，而比較容易遲疑。

與其這樣偏離蒼天預先為我們準備好的道路，還不如接受自然賦予我們的事物。如此一來，我們比較有大錯誤。

如果瞭解到人生本身，我們便能瞭解哪一種方式比較好，哪一種方式比較不好，而我認為，向好的方向游過去的情形自然會來臨。

當流動停止時，就不要勉強想再到任何方向去，此時，最好能優哉地享受周遭的風景。

儘管如此，還是有無論如何無法瞭解的時候。當我們不知選擇何者才好，而無法做決斷時，我都會考慮「何者讓自己比較愉快」這點，用這樣的方式去決定自己要走的路。

不是考慮何者對自己較為有利，何者損失較大，何者對自己的將來較為有利，並非經過這樣的計算，而是選擇感覺上比較愉快的方向。

雖然這是很原始性的做法，但我希望遵守觸覺性的部份，這才是最重要的。不，應該說這種觸覺才是能感覺到自然最適當的機能。

觸覺在五種感覺之中，我想也許是最根源性的感覺。我在推測，它和我們的進化有關。我們人類早期的祖先，是住在海裡的原生動物。眼睛看不見、耳朵也聽不見，牠們一定是只靠觸覺而生存下去。也就是說，它是一種兼備了視覺、味覺、嗅覺、聽覺的根源人生感覺。

其他的四種感覺則在腦部判定是否令人愉快。但是，我覺得根源性的觸覺沒有必要以腦部去判定。因為如此的特性，所以原始性的感覺可能更能感應自然（蒼天）。

◉願望一定能實現的秘訣！

我們所生活的三次元世界裡，是否有一種我們視為想像而一定會實現的隱藏性的法則？

相反地，如果以言詞或邏輯去思考，是否就很難實現願望呢？雖然沒有很清楚的根據，但我的直覺中一直有此想法。如果要找出根據，那大概是腦部的功能。

言詞及邏輯性的思考，是由腦部中的左腦所主宰。但是，言詞及邏輯是人想出來的，是不是一到人世就具備這些功能呢？相對地，想像及感覺這些生物原有的功能，是在右腦的管理之下。

如此一來，左腦本來是為了接近宇宙電腦而賦予人的私人電腦，產生錯覺後，誤以為自己是能計算一切事情的電腦，而只能想出一些簡陋的想法。至於右腦，則是為了和宇宙通訊主宰生物原有功能的部位。

也就是說，在右腦產生的影像和宇宙電腦接近的結果，才能滿足我們的願望。

任何事情都可以，假定你想完成某個目標，例如，你希望在台北有一個家，為此你必須有一千萬元的資金。

此時，幾乎所有的人都會想是否應存下一千萬元，或是去借支一千萬元的薪水，為此，你必須從現在的薪水中撥出一部分才行。

另一方面，考慮之下必須放棄的人大概也不少。即使認為有辦法做到，但從第二天開始，就會有艱辛的生活在等待著你。有時，無法吃到想吃的東西，或者，雖然不想在目前的公司中工作，但無法辭職只好繼續待下去。只要一遭遇挫折，想在台北擁有一個家的夢想就無法實現。

為了完成目標的過程而窮於應付，如此情形本身就是本末倒置的。本來，想在台北擁有房子應該是想獲得更舒適的生活，才會有此想法，但在不知不覺之中，人也就被「想擁有家」此一絕對性的目標所擺佈了。

因為，以左腦的邏輯功能去思考，達到過程中途便停止，所以才任何目標都無法實現。

事實上，人只要花時間去想像，僅僅如此，目標就會實現，但因為在中途遭遇很多挫折，所以才會覺得非放棄不可。

不過，雖然只要在心中想像便能實現願望，我想其中仍有一些秘訣。秘訣可能就是以下的兩種。

其中之一，是由衷地帶著自信，相信願望一定會實現。如果有所懷疑，你所實現的也將是你所擔憂的事。如果一開始時你就覺得大概不會實現，那麼就一定不會實現。

另一個則是，不要定下任何期限。在期限之前雖然想達成願望，但它是沒有期限的，什麼時候實現只有神才知道。也許三年就實現，也許十年後才會實現。然而，十年後才實現的情形，在經驗上是很少有的事。

因此，如果在心中想像還不夠，雖然在心中想一定會如何如何，但未做任何事情，這樣就又無法實現願望了。也就是說，完全抱持著一定會實現的心情，未必天從人願。這也是以邏輯性思考去想事情的缺點。

如果有什麼技巧，那大概就是一旦我們想像之後就立刻將它忘掉。最好是我們想像願望時的情景之後，立刻付諸實行，事後才回憶起：「啊呀！以前自己曾經想像過……。」

我想，最重要的是根本不要想。一言以蔽之，應保持虛心坦誠的態度。若是執著心太強，就無法實現任何願望。如果有工作，則應有「目標尚未達成」的積極心態。

如此一來，溫馴而單純的人將最能實現其願望。相反地，複雜而喜歡遵循理論的人，愈是努力愈無法達成目標。

因為喜歡以理論去思考，更證明了一個人的疑慮很深。如果不能以邏輯或言詞讓自己瞭解，就無法相信一切。所以，即使心中浮現什麼事情，也會立刻認為那是不可能實現的事情，於是最後根本就無法實現願望。

我也認為，本來很愛理論，或將事物想得很複雜的人，他們是不是想拚命地控制自己的一切。這種人，說的話往往令人很難懂，一切都用邏輯去說明，但實際上卻毫無內容。

第六章

由所有的人去思考生存下去的方法吧！

◉「一切都是神的旨意……」

我很喜歡巴西這個個家，過去也曾以私人身份做過幾次訪問。我被巴西人的閒適、慵懶性格所吸引，他們似乎對任何事都不是很認真，一副無所謂的樣子。

我雖然說「吸引」，但各位千萬不要誤會。事實上，是我們自己想得過多。對他們來說，一切隨性是理所當然的事。他們儘情地享受自己的生活，這種想法，和巴西人的性格大有關係。

說他們「馬馬虎虎」，似乎會被人視為「不負責任」的代名詞，不過，我認為其實這是一個適當的字眼。這個字眼的真正意思，是「不強求」、「適可而止」。我想，巴西人的性格正是這種不強求吧。

「你能二十四小時都在工作嗎？」這樣的廣告詞一直頗受歡迎。對幾近工作狂的人來說，一定很難瞭解這句廣告詞的意思，因為，我們的觀念中根本無所謂「馬馬虎虎」。同樣地，由巴西人看來，他們也覺得我們是奇怪的人。

巴西人覺得最奇怪的一點是，為何日本人甚至要爲自己現在的生活而勤勉地工作？事實上，他們也經常問這個問題。

我沒有辦法解釋，於是回答說：「我們也許是認為，在還能工作就應盡力工作，將老後的養老金儲蓄下來吧。」聽到我這樣說，大家都露出奇怪的表情，並這樣反問我：

「我真不懂，如果是現在痛苦而將來快樂，不是比現在快樂將來痛苦好得多嗎？」

我覺得他們說得沒錯，事實的確如此。

長期居住巴西的人，即使是出生於日本道地的日本人，似乎也會感染到他們的想法。下面是我初次到巴西採訪時所發生的事。

我平常去採訪時都是以隨機應變的態度去應付大小場面，但在說葡萄牙語的巴西，就非有翻譯人員不可。我利用特殊管道，邀請了一位日藉的現場導播K先生。

我預先由紐約打電話和他連絡。

「喔，你是在某天某個時間抵達聖保羅嗎？我會停機坪接你，所以你不必擔心。」

我得到K先生這樣乍聽之下毫無問題的答覆。為了慎重起見，在臨到巴西的前一天，我仍和他進一步確認接機的地方及時刻。但當我們抵達聖保羅時，不僅在停機坪找不到他，連在機場的每一個地方都沒有他的影子。

我立刻決定打電話給K先生。但是，不管投多少硬幣到公用電話也沒有反應。看來，用錢似乎是行不通的。我環視四周，看到別人投馬口鐵般的硬幣。

我後來聽人說，才知道那是電話專用稱為「代幣」的硬幣。原來如此！在通貨膨脹非常嚴重的巴西，制度上是用這種代幣來打電話。而代幣和貨幣的價值息息相關，每天的價值都不一樣。

但是，當時我絲毫搞不清楚當地的情況，連在哪裡有賣代幣都不知道。

這點又反映了巴西人一貫的個性。他們根本就沒有標示出販賣代幣的場所。據說，在公用電話附近的地方有在賣，問人下導遊就知道。幸好，在看來似乎有販賣代幣的場所果真有賣，所以我才能順利地打通電話，可是，打通之後對方並未接電話。

無可奈何之下，我便自己搭乘計程車，請司機載我到日本人經營的飯店。我以僅有的幾句葡萄牙文勉強讓他們知道我的意思。

雖然終於確保了飯店的房間，但在語言不通的巴西還是無法完成一個人的採訪。我請飯店的老飯替我找一位適合的翻譯人員。下面是第二天早上的事。

當我在飯店的大廳時，有一個看來像是翻譯人員走來說：

「喔，您已經到了，太好了！」

原來，他就是那個爽約的翻譯人員K先生。他既沒有一句道歉的話，也沒有不好意思的樣子。看到K先生那副毫不在乎的態度，我真是連生氣都不想生氣了。

因為，他是我最初預定的人選，所以心裡雖很不安，但還是請他帶路及翻譯。他非常認眞地替我們工作，每天早上九點預定接我的時間，他都會準時前來。

就這樣我們順利地結束了在聖保羅的採訪，預定以五～六天的時間前往里約熱內盧等城市採訪。看了他這幾天以來的工作情形，我請他和我一起前往上述的地方，他也高高興興地答應了。

然而，他沒有再出現，不管打電話到哪裡都沒有人知道他的行踪。而且，我們一行人的機票都是由他安排的，他卻帶著機票消失無踪……。

無計可施之下，我們當天又設法買了機票重新出發，並在當地聘請新的翻譯，終於好不容易結束了六天的採訪。

在聖保羅停留一夜之後，為了離開巴西而前往機場。當我剛到機場正在購買土產時，K先生又出現了，他用力地拍打我的肩膀，嘻皮笑臉地說：

「你要回去了嗎？」他一副沒有發生任何事情似地。因為當時我已經十分生氣，所以立刻嚴加詰問。但是，他絲毫沒有因為被責備而道歉的意思，他竟回答說：

「是這樣的，內人突然要生孩子，所以我開車把他送回娘家，不過，你順利地完成了採訪，不是很好嗎？」

他似乎在說自己的故事一般，非常興奮我們完成了工作。而我再也說不出話來。

「在聖保羅的翻譯費，我還沒有付給你呢！」他連忙說：「不要付了，我也給你們帶來麻煩。」

我勉強給他一筆錢，他立刻去和航空公司交涉，讓原本預定經濟艙的我們，全部都坐上頭等艙。

而且，最後他還說：

「一切都是神的旨意！」

◉巴西人和日本人何者比較幸福？

在巴西，我還有如下的體驗。那是我做了第幾次採訪後所發生的事。我聘請了一位日裔巴西人擔任翻譯。當時我對巴西的地理已有所瞭解，語言方面多多少少也能溝通，但我認為還是有翻譯比較好。

當時我所聘請的日裔巴西人，依照約定到停機坪來接我們。由於他的盡心盡力，我們很順利地通關，走進機場的大廳，他立刻說：

「我去叫車，請各位在這裡稍候。」但是，等了一小時之久，他仍未見人影，我擔心起來，去找機場的停車場。

我看到有些人正打開車子的引擎蓋，不知在修理什麼，而他正在一群人的旁邊。走近一看，有警官在那裡，究竟發生了何事？

我詢問他事情的詳細經過，他說：「只是普通的故障而已。」警官則說：「因為沒什麼事，所以停在旁邊看。」看來好像真的很閒的樣子。我擔心真正發生事故時該如何是好，但那位翻譯仍毫不在乎，優哉游哉地看別人修車。

後來知道故障的原因是燃料油管壞掉了。此時，他忙說：「先生，等一下我馬上回去！」不久之後他手裡拿著油管回來了，不用多久車子就修好了。車子終於發動了。

當他想立刻發車時，我問他：

「對那些幫我們修車的人，你不用給他們錢嗎？」

「不用的，他們是附近一帶的夥伴，大家熟得不得了，所以不用修理費，他們大概是因為沒事，所以才幫我修車吧。」他們只要別人道謝就把車子開走了，而一個替我們修車看來模樣很善良的男人，也雙手沾滿油污看著我們把車子開走。

「可是，你的燃料油管是從哪裡拿來的？」

「我是向那輛車子暫時借用一下。」

我看他所指的方向，居然是機場的消防車！

「你這樣做，萬一機場發生事故時怎麼辦？」

我吃驚地問他，他若無其事地說：

「還有很多其他的消防車，所以不要緊的。」

一星期之後，在送我們回機場的路上，我突然想到前面提過的燃料油管，於是就問他：

「那東西已經歸還了吧？」

「不，還在我的車上。」

由我們看來，巴西人似乎是非常粗枝大葉而馬馬虎虎。但是，如果說兩者之中何者對自己的幸福比較忠實，比較懂得享受生活，我想不得不說是巴西人。生活本身絕不是輕鬆的，它除了很嚴重的通貨膨脹之外，還有很大的貧富差距。

許多人住在將木板貼起來、令人擔心也許不耐風雨且破破爛爛的房子。另一方面，有一小部份的大富翁住在從大門到玄關車程需十分鐘的大邸宅裡，他們搭乘自家用的噴射機前往巴黎或倫敦。但是，貧窮人也懂貧窮但快樂地過日子的方法。

在稱為「荷基」的酒吧裡，他們愉快地喝一杯便宜的酒，一點點地喝，很珍惜每一滴酒，並且盡情地跳著森巴舞，往往一跳就跳到第二天早上。那裡有搭乘噴射機在世界各地飛來飛去的豪華旅遊所沒有的快樂。

◎你是否被莫名的不安所束縛？

我們又是如何情形呢？很多人因為自己老後的生活而不安，以致犧牲了今天的快樂。例如，被莫名其妙的上司怒罵時儘量忍耐，為了頂多不過數萬元的薪水及安定的生活，而一忍再忍。據說，最近有一些少年當有人問他壓歲錢用在哪一方面時，多半會回答：「為了老後的生活要把錢存下來。」

這種情形，如果是在發展中國家就不知是否也一樣，但日本是佔有全世界GNP達一〇%的經濟大國。無論遇到任何事情，一個男人都不可能沒飯吃。但人們心裡常有一種不安感，而疑生暗鬼，以致忽略了現在。

一定是這種情形，使巴西人無法瞭解。無論多麼辛苦地思考將來，將來究竟會不會很美好，也無法確定。

可以說我們的眼前就是一片黑暗，為了那麼不確定的明天而犧牲現在，不如為了將來不後悔而每天快樂地過日子——這便是巴西式的生活態度。

我也覺得這是正確的態度。既然生於這個世界而活著，卻一切都未享受到，那豈不是太可惜了？如果心不在此，只注意到將來的不安，是不是不能說真正享受了人生，人們的問題，或許即在於此。

人類社會之所以不幸，原因是不是就在這種對未來的不安？說得簡單一點，就是猜疑心。

例如，即使擁有自己最愛的情人，但當你懷疑她和別的男人交往時，在那一瞬間，你的懷疑心就開始了。就算沒有想像中的情敵，但當你一開始懷疑時，你和情人兩人之間的關係就變得不和諧了。類似的情形還有很多。

如果不小心的話，自己就會跟不上世界的潮流。由於這種不安，因此經常環視四周，專門模倣別人，如此一直生活著，終而喪失了真正的自己。

如果不會讀書的話，會不會被人遠遠拋在後面，到最後是不是成了人生的落伍者——因這樣想而產生不安。有一些學生，一旦成績不好便失去自尊，鑽入牛角尖，一直考慮要不要自殺，終日痛苦難堪。

有人在心裡想，如果自己做生意很公正，到了最後我的公司是不是會鴻圖大展，開始不安起來。結果明知什麼是對社會不好的，也積極地做宣傳廣告，想將不實、不利的商品賣給消費者，而即使下游的公司倒閉了也裝作不相干的樣子。這樣的大企業，對於自己所造成的公害，閉著眼睛繼續生產下去，諸如此類的公司真是多得不勝枚舉。

這樣的不安擴大之後，就會形成恐懼，甚至發展為戰爭。最大的不安，不就是戰爭嗎？

舉例來說，我們現在來思考持續已久的美、蘇之間的冷戰。蘇聯先有了不安，擔憂美國也許會發動攻擊。另一方面，美國也擔憂被蘇聯打敗，被這不安所驅使，於是便極力擴張軍備。

聽到這種情形的蘇聯，想美國果然要攻擊自己。就在蘇聯擴張軍備……。而不安更引起不安，是否因此而產生美、蘇之間的冷戰呢？

果真如此，則不管以個人或國家為單位，不安將會成為人類最大的敵人。

因為不安而種下不幸的種子，不如將心放在此刻、當下，儘情地體會現在活著的歡愉，這不是很重要嗎？

雖然我這樣想，但我並不是要各位過一種及時享樂的人生。我覺得，最重要的是很珍惜每一瞬間，以此態度去過生活，就是體會人生的幸福感，這種態度，和將來的幸福與否也有很大的關係。

◉背負著疑慮的人會產生苦惱

我認為，樂觀主義比悲觀主義來得「划算」，而以肯定主義去過日子，也比以否定主義過日子更為明智。

因為，我認為凡是我們心中想像過的事都會實現，這便是我們這個三次元世界隱藏著的法則。

如果我們心中所想像的事能如願以償的話，那麼，當我們心中有恐懼或不安就會成為事實。若是以悲觀的想法去思考，則悲觀的想法也會成為事實。如此看來，還是樂觀地過日子比較有利。

「工作又工作，但我的生活還是無法改善，一樣過得很辛苦，一直看著手變粗糙。」石川啄木所做的這首歌，說盡了生活的無奈。但我在想，是否正因為啄木先生這樣想，所以他的生活無法真正變得快樂，擺脫痛苦的陰影。

與其如此以悲觀的想法去過日子，還不如想「工作是快樂的」——如此一來，一定能過快樂的日子。在精神上有此想法時，工作起來也會快樂得多。

那麼，人為何會分成悲觀的和樂觀的呢？其間的差異何在？會變成悲觀的人，是否因此人一開始就懷疑一切的緣故，無論何事，只要一有懷疑便沒完沒了。

比方說，假定有人說將有一個燦爛的未來在等待著你。此時，若是你心想：「是的，就是這樣。」那麼便能樂觀地過日子。但是，愈是懷疑愈無法相信未來，到最後甚至悲觀得連一步都不敢踏出去。

或者，我們假定你現在正擔任銷售員的工作。現在你必須出去推銷東西。此時，你心中可能產生一種疑慮，想著：「真的賣得掉嗎？」

但愈是懷疑就愈推銷不出去，整個人變得愈來愈悲觀，提不起精神再四處去推銷東西。因為一旦產生懷疑就會不相信自己，所以什麼事都不敢去做，所懷疑的事情真的變成事實。我希望各位記住：與其懷疑不如相信，與其否定還不如肯定，一切都由此出發。

人為何會開始懷疑呢？我想可能是因為，「科學性的想法」進入人們觀念之中，成為生活信念的緣故。我認為，原因就出在人們相信「科學是萬能的」這點。

科學只不過是科學而已，它只是學問的一個專門領域。以科學性的想法去思考，應該是無法保證一定能獲得幸福的。

然而，我們在不知不覺之中已經覺得科學是萬能的，似乎對科學都視如藥物。這會不會是人類不幸的開始呢？

我認為，真正的科學應是虛心坦誠地接受一切事物的現象，進而去探究真理。但很遺憾地，近代科學是由和此不同的「懷疑」開始。

因此，我們相信科學乃萬能之神，對任何事物都產生錯覺，誤以為一切都必須由懷疑開始。

本來，科學並不會不相容於我們的生活。例如，科學的特質之一是「分析性」。無論任何事物，我們都想經由分析而發現其實態。我總認為，分析一事是將事物細分化，而有將事物導引至破壞的方向的傾向。比方說，假定這裡的桌上有一個咖啡杯。

以科學家的眼光來看，他們只想將它打碎成碎片，然後調查它是用什麼物質構成的。如果調查不出來，便用顯微鏡觀察碎片的物質，研究杯子是由何種物質構成的。

追根究柢下去，可知任何物質都是由原子所構成，原子則是由原子核及電子所構成，而進一步構成原子核的是素粒子……，科學就是如此去追究最微小的粒子。一直專門化、細分化，直到最微小的世界，就是科學的精神。但是，科學似乎陷入了「見樹不見林」的狀態。不，也許應該說不僅看到樹木而已，或者應該是「見葉脈不見林」比較恰當吧。

但對我們的生活來說，必要的是看事物全體的知識。不是將杯子粉碎，也不是調查其構成元素。對我來說，咖啡杯就是一個杯子的實態反而重要得多。

在我們生活之中，成為問題的我想是思考人的身體是由何者元素所構成這點。以全體來說，心中有何動向，是什麼樣的結構，身體會發生什麼樣的變化，這是否比身體的每一部位的結構重要的多。

如此看來，將科學性的想法帶進一般生活裡，它仍是科學性的想法。如果說是科學想法，聽起來似乎很冠冕堂皇，但我很難說是正確的想法。

◉對海外的援助是好或不好？

前些日子，朝日電視台有一個很受歡迎的深夜節目名為「聲望」，播放了ＮＧＯ的專輯，我也以地球環境財團的一員上了節目。

ＮＧＯ是非政府組織的簡稱，主要是以發展中國家為地區而活躍，並以民間人士為基礎的志願團體所進行的活動。

例如，他們到森林採代成為問題的地區去，和當地的人一起生活，從事於造林運動，或者到沙漠的不毛地帶去，摸索並研究是否有方法可以有效率地攝取水份及食物。或者，在沒有教育的地區建立學校。總之，他們有很多方法去參與各種活動。

像我所隸屬的地球環境財團那樣，在國內舉辦活動，提高大家的環保意識，這也是ＮＧＯ的活動之一。

在「聲望」這個節目中，也提及ＮＧＯ此一主題。在哪裡我所遇見的人，因為活動內容的不同，所以都不盡相同，但都是有不錯點子的人。

在他們的腦海裡，支配現代地球的，應是超越國家利益此一榨取結構，以及國境、民族、宗教等差異真正的亞洲人。

以自由的想法，人與人之間直接接觸，以別人的痛苦為自己的痛苦，如此彼此分享喜悅及快樂。在他們的內心深處，由此找出人生的意義，成為徹底的平等感的根底。

尤其重要的是，從事於ＮＧＯ的人，都是以堅定的義務感而參與活動。

此一事實，說明了他們完全是很自然而不裝模作樣，他們在對別人有所貢獻一事上發現喜樂，自動自發地參與大大小小的活動。

在錄製「聲望」的攝影棚中，趁不上節目的空檔，我向NGO的一位人士請益，果然聽到許多有關ODA的事。

一九八九年，日本的政府開發援助（ODA）實績超過美國，成為世界第一位。以日圓為標準，多達一兆二三五八億日圓。根據八九年設定的第四次計劃，預計在九二年之前的五年內要達到超過五〇〇億美元的目標，所以，如果以一美元相當於一三〇日圓計算，仍多達六兆五〇〇〇億日圓，是非常高的金額。

成為世界第一的ODA大國，日本在外交上似乎常以此為傲。但那位人士說，ODA最後多半形成浪費，並未善加利用。

不僅如此而已，據說，曾發生某些國家因日本給予莫大的援助，反而對周遭的環境及居民的生活產生弊端的情形。

當然，日本的ODA對當地有所貢獻的例子也不少。但是，只要有一點為當地人帶來麻煩的部份，這便成為一個很大的問題。

成為元凶的，據說就是那些被稱為ODA商人的人。ODA商人，顧名思義就是以ODA為事業，並作為利益來源的人。

他們接洽了ODA事業，然後再向承攬該事業的業者收取幾分之幾的回扣，他們的生活就完全仰仗這些回扣。

僅僅是數百分比的回扣，數目也都大得令人咋舌。因為在ODA事業負責當局方面，往往都是投下數百億日圓的鉅額費用。他們一般都是以顧問的名義中活動。據說做法如下：

他們先到各個開發中國家去，目的是尋找可能成為ODA的對象的地區。例如，某地區沒有電力，而碰巧附近有很大的河川，看來可以建造水庫。一旦他們發現了「獵物」，便去接觸該國的重要人物。

「如何？我可以替你們設法撥出款項，建個水庫吧！不過，我要一些酬勞。」

像這樣去和對方交涉。當然，該國的要人絕不會有異議。就算計劃無疾而終也不會有所損失，因為，如果一句話都不用說就可以建一個水庫，那根本就沒有表示反對的道理。

獲得當地國家允諾之後，接著便向日本政府申請。從這地方就可看出他們做法的巧妙。由於他們是這方面的專家，所以也精通於文件的申請格式，如何寫才容易通過，強調什麼重點，日本政府才會通過，他們都瞭然於胸。

而且，他們甚至已經調查好允諾申請ODA的國家，在製成申請文件時使用何種型式的打字機。他們就立刻使用那種打字機，很快地完成一份抓住要點、一目瞭然的文件。

而接到製成得堪稱完美的文件時，日本就毫不懷疑地自動蓋章，就這樣決定援助數百億日圓。

只為了ODA商人的營利目的而開始的ODA事業，當然和當地居民的希望及要求相去甚遠。

不知何時，居民發現工程已經開始了，而且又聽說自己的村莊將來會陷在水庫的底部。為了建造水庫，森林也被砍伐，河川更被阻斷。

本來，狩獵森林的動物，採取樹林的果實或打撈河川的魚類而維持生計的人，在此情況下便失去了生活的資源。即使是建造了水庫，對他們來說仍是毫無益處。因為，當地的居民連用電的錢都沒有，而在這件事上獲得利益的卻是距離數公里之遙的日本企業，以及其他的人們。這只是其中的一例而已。

如此一來，日本政府投下鉅額費用，結果卻變成以外國的立場去進行破壞環境及剝奪當地居民生活的行為，並堂而皇之地名之為國家事業。在這件事上，我們是否能看到先進國家的傲慢呢？這種做法，只不過是認為發展中國家的人們沒有下水道及電力，生活十分貧窮，油然生起的憐憫之心罷了，也就是勉強當地人接受自己的價值觀。

日本人並未發覺，儘管沒有下水道及電力，還是有人過著自認為很幸福的生活，令人羨慕不已。告訴我這件事的ＮＧＯ成員嘆著氣說：「日本的ＯＤＡ事業會變成如此，是不是因為沒有辦得很實在的緣故？」

當然，日本也會前往當地做概括的調查，但那只是形式上的調查而已，並不會做非常仔細的調查，例如，聽聽當地居民的心聲。按照慣例，只要一切文件都齊備了，日本就會允諾撥出款項。

的確，ODA商人是不應被容許的，但之所以會產生這些唯利是圖的商人，原因不就在於ODA事業這塊人人覬覦的「肥肉」嗎？開始時，先是決定ODA的目標金額，然後要多少回扣，在這些商人的心中，只有以金錢解決一切的態度。

◉對自己做新發現的志願者

即使ODA能發揮其正常的機能，還是會有很多無法解決的問題。以國家如此龐大的單位，無論如何也無法給予另一個國家心靈上的援助，應付一些細微的問題……。這便是如NGO所要求的，以民間人士為基礎進行志願活動的目的。

一般民眾的關心程度雖低，但NGC的活動已有悠久的歷史。它原本是發端於第一次世界大戰後不久所開始的基督教等宗教團體的運動。目的是設法拯救戰敗國悲慘的情況。當時，似乎也包含了促進傳教運動的目的。

但是，目前宗教團體所進行的活動極少，現在已經變成「因為有困難的人們很多，所以我要積極地參與」的情況，並以「我要和大家一起分享身為一個人的幸福」的個人性立場去參與活動。這種人的團體，便是目前的情況。

因此，地球環境財團雖然歡迎來自各地善意而自發性的捐款，但絕不要勉強別人捐款，或是依賴政府的援助。

我想，NGO作為目標的活動方向才是真正的「新亞洲」。同時，這其中是否隱含著今後新世界建立新社會時非常重要的啟示？

尤其我想向年輕人們建議，請他們積極地參與以NGO為首的各種志願活動，擔任義工。我希望，他們經由志願活動能善加體會別人有幫助的感覺。同時，我也希望他們和價值不同的人接觸，有重新改造自己的機會。

我因為隸屬於地球環境財團，所以常有機會和從事於志願活動的年輕人交談。以下是一位前往東南亞造林的青年參加海外協助隊回國後的感想。

據說，當他剛到當地時，很多事都令人心生厭惡。既沒有自來水也沒有電力，有些地方甚至連水井都沒有，必須走二十分鐘之久的山路去挑水，否則的話，連飲用水都成問題。而且，痢疾是很可怕的。薪水也很微薄，做的又是十分辛苦的事。

在嚴重的文化衝擊之中，他被折磨得很悽慘，一心想再也不願意來這樣的地方。

但是，住在那裡不久之後，他這種想法完全改觀了。他甚至開始希望能永遠居住在那裡。他說，回到日本後就無法抑制想再到當地的衝動。本來最討厭被安排的人，竟成為應該是輕鬆的留守人員。

驅使他產生那樣強烈衝動的，是當地人們的溫暖。東南亞的人們，是日本所無法想像的貧窮。但是，那樣的人們有另外一種無形的「富裕」。

因為，他們更具有人性，有替別人設想的體貼之心，這便是作為一個人的富裕。他就是無法忘懷這點。他說，回到日本後，突然對日本這個沒有人情味的社會無法忍受。

不僅是他而已，去參加志願活動的人都可以感受得到，日本社會其實是貧窮的，而東南亞的人們其實是富裕的。他們最後一定會做此結論：當地人們教我們的比我們教他們來得多。

一直想和別人競爭，是基於關心自己成績的想法，長久以來拼命在衝刺的日本，一定會遭遇瓶頸。因為在競爭社會中，不久的將來人們所致之處都會有扯後腿的人。

我希望，年輕人應更注意志願活動。經由志願活動，學習做人的方法。同時，我也希望他們體會到像自己這樣的人也能對人有所幫助的喜悅。我並不是要他們成為一個偽善者，而是為了發現自己的價值，一定要有一次這樣的體驗。

現代的年輕人，一旦精力無法發洩，便容易成為飈車族或吸食迷幻藥，將精力發洩在那些無意義的事情上。既然如此，不妨去參與志願活動，嘗試為人服務。無論內心如何陰鬱的人，受到別人的感激，心情都會開朗、快樂起來。

當我們以某種形式去幫助別人時，便能感覺自己是個有用之人，並體會到幸福感。如果想起以前幼稚園及小學舉辦遊藝會時，自己得到觀衆的鼓掌那種內心的感動，便能瞭解幫助別人的快樂。

在日本，人們一提及志願活動時總會有不好的印象。但是那是一種偏見。仍有很多令人快樂無比的志願活動。

沒有必要勉強自己為了別人而具有犧牲的精神，不妨當作為了自己而開始從事於志願活動，如此即可。因為最後會對別人有所幫助，所以也使自己對自我有新的認識，重新發現自己的長處，促使自己走上自立之路。

◉有如殺人兇手一般的尖峰時間

有人告訴我一件很有趣的事，他說，日本人在國外常被偷走東西。這也許是因為對空間的感覺不同於外國人的緣故。已經習慣於直接和別人接觸的日本人，即使有人碰到自己，也幾乎不會發覺。

關於這點，歐美人平日便充分保持和別人之間的距離，所以只要竊盜犯一接近，他們立刻就會有感覺。這段談話非常具有說服力。日本人容易被害，也許正是因為每天都擠在沙丁魚似的電車裡，早已失去了警覺性。

外國人到日本時，第一個令他們驚訝的便是早晚通勤電車的擁擠程度，他們百思不解，為何日本人對幾乎致人於死地的尖峰時間都無動於衷，也毫無怨言？總之，他們並不是因為尖峰時間交通的擁擠狀況而覺得奇怪，他們不明白的是一直在忍耐的日本人。

「被擠在那麼擁擠的電車裡，怎麼連一句抱怨都沒有，也沒有發生暴動呢？我覺得真是不可思議。」

的確，我從未看過任何乘客向車站的人員抱怨。他們不管受到多麼不人道的待遇，也只是默默地忍受。

同樣是日本人，對我而言這種光景也常令我感到納悶。為何，人們都不生氣呢？不對的並不是每天都要搭車的通勤者啊。

我想如果仔細思考的話，客滿的電車這種事本身就不應該存在的。勉強人在很苛酷環境上下班，而不實施斧底抽薪的解決方案，各家電鐵公司及政治家才應該為此事負責。

因為，也們那樣做並未將乘客視為「人」來對待。有近八成的日本人是上班族，既然如此，他們的做法無疑不承認龐大的上班族人口是「人」。

但是，一般大衆卻沒有一句怨言。遭遇到這種不合理的待遇不僅不生氣，甚至認為無可奈何而死心。好不容易擠上電車，然後疲累不堪地抵達公司，下班了又重複同樣的情形，經過一番奮戰後才回家。面對不人道的狀況，通勤者們甚至希望自己去適應這種狀況。

比方說，一些小型的晚報極為盛行，而發行這種刊物的理由，原來竟是在客滿的電車只能看這種報紙。

原諒不可原諒的事，如此一來，狀況根本無法得到改善。不僅如此，事態會愈來愈嚴重。

再舉一例，今年春天開始上市的六噸的大型車輛，是專門應付尖峰時間的交通工具。這種車輛在尖峰時間中，可以將座位折疊起來，增加空間。據說，這種方法並未減輕車上混雜擁擠的程度。乍看之下，似乎這麼做是為了服務乘客，但認真想起來根本不是這樣。一旦這種車輛普及後，不是無異於家畜運輸車嗎？

既然乘客付了車費來搭電車，對於各種不合理、不公平的待遇不是應該提出抗議嗎？不管是ＪＲ或其他的各家電鐵公司，即使不是經常都保持客滿的狀態，至少也有義務及責任提供空間給乘客閱讀報紙。

如果在目前的狀況下無法增加車次，那就應該投資興建地下車道或高架道路，以增加車輛通行的路徑。再者，各企業的經營者們至少應該考慮「時差上班」的可行性，實施彈性上班時間制度。如果由政府機構率先斷然實施彈性上班時間制度，我想尖峰時間的混亂應可緩和不少。

首都高速道路也是一樣，根本不能算是「高速道路」。除了只能慢慢開、擁擠不堪之外，更因為交流道的寬度不夠，十分危險。交流道的寬度不夠的高速公路，在全世界上是非常罕見的。也許我們在不知不覺中已習慣了自己的不自由，卻自以為是自由的，而在不知不覺中就被迫入不合理的狀況之中。

假使未注意到這點，那麼什麼都無法開始。不僅如此，不久之後狀況會日趨嚴重，降臨我們身上。連自由地生活、活得快樂舒適這些理所當然的人權，也無法真正擁有，而必須遵守社會規範，無法以自己的意識去行動——這豈不是人類的悲哀嗎？

每當春節或有連續假期時，大家都一窩蜂地外出，而且一再如此做，每次都為了交通阻塞而焦慮萬分。我覺得人們實在太愚蠢了。對於不合理的狀況，應該注意其發展，而且也應該勇於說出來。然後，提出解決方策使大家過更好的生活——這不正是人類的智慧？

◉至少「自力救濟」會成為原動力

當知道地球環境一再惡化下去，而人們卻束手無策時，幾乎所有的人都會問：「那麼，該怎麼辦我們才能擺脫此一危機狀況呢？」

其中更有人氣憤地建議：

「現在已經不能交給過去的組織去做，我們就集合有志之士建立一個新的團體吧！」

這樣做我當然非常高興，但是，成立團體或組織而大規模地展開活動，並不代表一切。我認為，完全依賴群衆可能並非一個明智的方法。

以企業為例，各家公司在社會的幸福的名義下，實際上卻奉「利益至上」為圭臬而不斷衝刺。他們多半忽視了整個人類的幸福。雖然標榜著「對人類生活有所貢獻」，但其實卻毫無貢獻，有的只是集團的危險性。

現在假定有某家公司一直在排出水銀，責任在於董事長。但是，這家公司並非由董事長獨自成立，其他的董事長也應承擔相同的罪過。如果董事們都有罪的話，那麼批准文件的人也將難逃其咎。

這樣去追究應該由何人負責時，結果只能得到一個結論：整個公司都不對，每一份子都要負連帶責任。這是很模稜兩可的說法，也許，應該說是整個社會的不對。

然而，很糟糕的是，即使是這樣的企業，如果仔細研究的話，我們會發現每一個構成份子都不過是凡人而已，從董事長、董事到工友，都沒有特別壞的人。

回到家時，他們是一個丈夫，也是一個爸爸，鄰居們也會說他們是一個好人，這種人在我們的社會中比比皆是。但當他們成為某個組織而有所行動時，其結果就會造成社會的罪惡。

無論是環境問題，抑或是想要改變現狀的願望，如果以團體行事，應該不難實現。據說，人們只要有三個人聚在一起就會形成派閥。無論是有多麼崇高目標的組織，也一定會分成幾個派閥而互相鬥爭。

與其那麼做，我想倒不如由每一個人先確立自己，找到自己在社會的定位。所謂確立自己，簡單地說便是瞭解自己的心靈及身體，進而發現生命的意義何在？

每一個人如果先從內心進行「意識革命」，我想便能拯救地球環境惡化的問題，也能改正社會的種種錯誤。

如果要再舉一例，那大概是「不管別人如何，只要我一個得救」的想法。無論主張多麼崇高的理想，不管如何高喊：「我是為社會上的大衆而做！」如果自己本身並沒有真正想自助助人、拯救大衆，那麼就不會採取行動，前面的說詞也只是一種口號、唱高調罷了。

總之，如果認眞地思考「一個人如何生存下去？」那麼很自然地就會開始思考「現在該如何做？」

如果想非住在地球上不可，並解決環境問題而生存下去，我認為必須從事上述的意識改革。但是，在此有一個完全嶄新的生存法，那就是超級居住計劃。

◉超級居住計劃將會改變人類的意識

所謂超級居住計劃，便是在宇宙空間裡創造出人工居住空間。請想像一下，它就像是一個巨大的圓形茶葉罐一樣。

使此茶葉罐以一分鐘旋轉多次的速度旋轉不輟。此時會產生一種離心力，對站在轉筒內側的人來說，會感覺那有如引力一般。調節旋轉數為和地球上的重力相同的1G，然後在此圓筒的內側建造房屋、大厦、道路，把它當作二個地球來居住，可以說是非常壯大的計劃。

這是美國普林斯頓大學的歐尼爾博士所提倡的計劃，經過NASA多年的研究，據說目前業已進入只要籌出資金便可隨時建造的階段。超級居住計劃的規模，端看設計的內容，且如何改變都可以。據說，從居住一萬人到一千萬人都有可能設計出來。將來技術更精進時，居住一億人的規模也絕非夢想。

如此一來，只要有足夠的資金，整個日本的居民都將能居住在超級居住空間裡，當然，在此空間裡也必須建造山川及森林，有像海那樣大的湖泊，也有小鳥、蝴蝶、狗及貓等各種動物，過著像地球一般的生活。

它應該和地球大不相同，而兩者之間的差異即在於超級居住空間較之地球佔了壓倒性的優勢。首先，因為它從頭到尾一切都是由人工計算，這樣創造出來的居住空間幾乎不會發生環境汚染的問題。

而且，工業區全都集中於完全為了工廠專用而設計的工廠用超級居住空間，因為一切都是機械化，由工業用機器人去操作，所以，不會有煤煙及灰塵汚染住宅區空氣的問題，也不會有廢物流入河川。

另外，農作物也是在農業用超級居住空間裡以自動控制的方式種植，只從住宅區以監視設備加以監控。例如：按照事先的計劃下人造雨，讓陽光也按照時間照射。如此不僅能種植出理想的農作物，同時也不會發生化學肥料及農藥的問題。

在住宅區裡，行駛著無公害的電動汽車，空氣經常都控制很清潔，而溫度及濕度也能隨心所欲地加以調節。

此超級居住計劃還有其他很多想像得到的優點。

現在我們假定讓美國前總統布希、伊拉克總統海珊及蘇聯前總統戈巴契夫三人乘坐太空梭，繞行地球一周，他們也許會發覺，自己正在做著多麼無謂可笑的事。

從這個例子便可知道，如果有了超級太空梭，能從那裡眺望地球的話，那麼人類將來便可擺脫目前的既成概念及常識所束縛的地球枷鎖。

以金錢為心中的社會體制，或是戰爭、貧富不均——從這些目前社會的既成概念踏出一步，才能以新的哲學去建立新的社會。建設超級太空梭，將會自然地帶來人類的意識改革。

◉取得用之不盡的能源

超級太空梭的另一個效用，即是擁有無止盡的資源，而地球上的資源卻是有限的。

縱使目前環境問題全都解決了，但如果資源很有限，則能源遲早會枯竭，沒有資源，人類便將面臨毀滅的命運。

如果有了超級太空梭，一切都能立刻解決，在宇宙空間裡，因為能百分之百利用太陽能，所以我們真正能取得用之不盡的能源。

目前地球上所使用的太陽能發電及太陽能系統都不太有效率，很諷刺的是，因為地球有空氣，大部份的太陽能都被空氣吸收了。

再者，空氣會使光線散亂，而且會形成雲，一旦下雨時，效率就會降低，到了晚上，更是毫無用處。

但在幾乎真空的宇宙空間裡，空氣就沒有這些妨礙，我們幾乎可以百分之百利用太陽的光和熱。

如果一個人一天所使用的電力，可以由四張榻榻米大小的太陽能電池供應，那麼為了取得一億二千萬人份的電力，只要在宇宙空間裡擺上四億八千萬張大小的太陽能電池即可。

這種太陽能電池，能永久地使用，只要設置四億八千張榻榻米大小的太陽能電池，便能確保未來一億二千萬人份的電力。

而且，宇宙空間是廣濶無比的，即使幾兆張的榻榻米擺上去也不成問題。

能免費地取得能源一事，意味著什麼呢？既然有無止盡且免費的能源，我們便能免費獲得一切東西。因為，所有的物質都是能源的另一種型態，都是能源的變貌。

舉例來說，我們的糧食是稻米及蔬菜，而它們只是太陽能的變貌而已。

成為肥料的堆肥，是借助於太陽的力量由植物醱酵而成的，而化學肥料只是能源的另一種型態而已。

植物本身，則由於太陽光的照射而進行光合作用，從土地取得養份而逐漸成長。

我們身邊的生活必須品中，如果仔細看的話，將會發現全都是由能源製造出來的。

現在的能源，例如石油、煤炭、液化瓦斯、電氣等等，因為都是有限的，所以將這些東西轉化成能源之前必須花費龐大的金錢。

但如果像超級太空梭那樣，一切能源都免費的話，便代表一切物質都是免費的，且取之不竭、用之不盡。

也就是說，我們不必去賺錢。此時，人們將會為了興趣及享樂而生存，這種生活型態，可以說是「烏托邦」。

◉日本是實現超級太空梭的旗手

如果說超級太空梭有何缺點，那大概是人們不願到遠離宇宙小島般的地方去居住。

然而，如果改變想法的話，這點就不會成為障礙。超級太空梭裡第一代的子女出生之後，那地方就成為他們的故鄉。而他們將不會想居住在像地球這樣汚穢、不方便的星球。

人類在某一時期，便以一個新天地為目標而出去旅行，這大概是歷史的必然性。例如，想從歐洲前往美洲大陸的人們，搭乘「五月花」號來到新天地，無非是由於某些無法留在故鄉的理由，於是離開故鄉，為了尋找一個新天地而出航。開拓者們在新的地方建立了他們的新天地。

的確，縱使他們對故鄉英國仍有依依不捨之情，但到下一代在美國出生時，他們應該不再有任何痛苦的感覺。

同樣地，地球的環境已經非常嚴重，人們無法再久留，這樣的狀況正時時刻刻地逼臨中。既然如此，我們是否可以認為，歷史的必然性時刻業已迫在眉睫，我們不是可以這樣想嗎？我們向宇宙出發去旅行的日子已近了……。

這並不是子虛烏有的夢幻故事。NASA已經擁有製造超級太空梭的技術。而日本的技術也已不相上下。即使現在立刻著手建造，也不會有什麼奇怪之處，剩下的只有金錢和意願的問題。

這樣考慮起來，我認為由日本率先建設超級太空梭最為適合。因為在太空相關技術上，日本一向居於世界第一位，在財政上也是很充裕。

因為這是我一個外行人的想法，所以可能有掛一漏萬之處。不過，如果日本積極地從事於超級太空梭的建造，世界便能擺脫經濟戰爭。

以日本為例，可以向蘇聯、美國及歐洲的太空開發機構訂購超級太空梭，而在宇宙空間裡建立日本企業的工廠。

在宇宙工廠這個無重力的空間裡，能簡單地製造出地球上所無法製造的各種產業製品。再者，宇宙工廠的從業人員所居住的太空梭應該會成爲第一個居住用的超級太空梭的雛型。

「去看的結果，出乎意料地很不錯」。由於居住在當地並工作的人們的口碑，後來願意移居超級太空梭的人可能會增加。

宇宙工廠計劃可能需要龐大的資金，這意味著美、蘇、歐洲的相關產業將大發利市，財源滾滾而來，而經濟也將趨於活性化，更可救濟那些各國到處可見的失業者。

目前，美、蘇等對宇宙開發相當積極的國家，常因為財政困難而無法繼續從事於宇宙開發。因此，如果不掀起戰爭的話，失業者就會增加許多，經濟也無法活絡起來。結果，戰爭又開始了。

如果製造了超級太空梭，這樣的惡性循環不是可以立刻中止嗎？為了日本對和平的世界有所貢獻，我想超級太空梭計劃是再適合不過了，不知各位以為如何？

◉對來自宇宙的謎題人類可有正解？

一九九〇年，在日本的福岡縣發現了謎一般的圓形痕跡，成為日本民衆茶餘飯後的一大話題。關於在九州的福岡發現的圓形痕跡，究竟是人工或是自然形成的呢？由於一直沒有可靠的證據，因此在此暫且撇開不談。在英國，很多地方也發現了很難認為是人工製造出來，幾何學模樣的謎樣圓形痕跡。

一夜之間，就形成了很難以「磁流體學說」或「自然發生說」去說明的圓形痕跡，且呈幾何形狀，非常好看。

在若干謎樣的圓形痕跡中，有人推測可能是外星人對地球人發出的訊息，不過這完全只是臆測而已，也許它們正是外星人對宇宙社會發出的邀請函呢！

但是，身為地球人的我們，意識若是未提昇至某一程度，具有一定的水平，我想恐怕外星人是不會邀請我們的。

「現在人類仍是以戰爭解決問題，而且只有三〇％的自給率，但卻還有大量丢棄食物的國家。另一方面，在其他的地方一天有四萬人以上的人們餓死，地球人對這種愚蠢的事竟無動於衷、毫不在乎，我們不要邀請地球人。」

外星人是不是這樣想呢？

換句話說，謎樣的圓形痕跡是外星人所提出的謎題。而此謎題的答案是：在地球以外的地方也具有智慧的生命。但重要的是，獲得此一結論之前，是地球的不斷嘗試錯誤。

也許有人會想，如果要讓我們知道具有智慧的生命的存在，就堂堂皇皇地派遣ＵＦＯ的大隊飛來，在地球上作示威飛行即可。

但是，如此做並沒有太大的意義。

因為，在此情形下，並不能提昇地球人的意識水平。如果外星人進行示威飛行，地球人可能分成如下兩類。

其中之一認為：「哇，這是侵略地球的危機。」並認為地球人應以核子武器射擊外星人（和外星人敵對）。另外一種，則是想取得外星人的技術，極力討好他們。

這兩種類型的人，都有和過去同樣的想法，絲毫未提昇意識的水平。因此，外星人留下了謎一般的圓形痕跡，好似謎一般的訊息。

如此一來，地球的人類將會亟欲知道那痕跡究竟是什麼，會開始議論紛紛，並得到如此的結論：「這是證明地球以外的地方存在著具有智慧的生命的證明。」

結果，地球人就會領悟到：「如果保持現狀的話，我們將無法適應新宇宙社會的環境。」

會自發性地改變想法，進行意識改善。是否能期待這一天的來臨？

果真如此，我們並不是因為好奇心而回答此一謎題，應想一想是否能改變我們對外星人的想法？或是忘卻脫離日常性問題的謎題？我想，這便是地球人命運的分界點。

無論如何，現在我們已經面臨地球維新前夕的時期。到了這個時候，過去一直實行鎖國政策，拼命掩飾外星人存在的各國首腦們，將會如何做呢？

而我們每一個人應如何去應付此一問題？

是不是要像明治維新那樣，成為地球維新的志士，斷然進行社會體制、經濟體制及政治體制的變革？

或者，只是坐著等待人類的毀滅呢？

大展出版社有限公司　圖書目錄

地址：台北市北投區11204
致遠一路二段12巷1號
郵撥： 0166955～1
電話：(02) 8236031
8236033
傳眞：(02) 8272069

•法律專欄連載• 電腦編號58

台大法學院 法律學系／策劃 法律服務社／編著

①別讓您的權利睡著了[1]	180元
②別讓您的權利睡著了[2]	180元

•婦 幼 天 地• 電腦編號16

①八萬人減肥成果	黃靜香譯	150元
②三分鐘減肥體操	楊鴻儒譯	130元
③窈窕淑女美髮秘訣	柯素娥譯	130元
④使妳更迷人	成　玉譯	130元
⑤女性的更年期	官舒妍編譯	130元
⑥胎內育兒法	李玉瓊編譯	120元
⑦愛與學習	蕭京凌編譯	120元
⑧初次懷孕與生產	婦幼天地編譯組	180元
⑨初次育兒12個月	婦幼天地編譯組	180元
⑩斷乳食與幼兒食	婦幼天地編譯組	180元
⑪培養幼兒能力與性向	婦幼天地編譯組	180元
⑫培養幼兒創造力的玩具與遊戲	婦幼天地編譯組	180元
⑬幼兒的症狀與疾病	婦幼天地編譯組	180元
⑭腿部苗條健美法	婦幼天地編譯組	150元
⑮女性腰痛別忽視	婦幼天地編譯組	130元
⑯舒展身心體操術	李玉瓊編譯	130元
⑰三分鐘臉部體操	趙薇妮著	120元
⑱生動的笑容表情術	趙薇妮著	120元
⑲心曠神怡減肥法	川津祐介著	130元
⑳內衣使妳更美麗	陳玄茹譯	130元

•青 春 天 地• 電腦編號17

①A血型與星座	柯素娥編譯	120元

②B血型與星座	柯素娥編譯	120元
③O血型與星座	柯素娥編譯	120元
④AB血型與星座	柯素娥編譯	120元
⑤青春期性教室	呂貴嵐編譯	130元
⑥事半功倍讀書法	王毅希編譯	130元
⑦難解數學破題	宋釗宜編譯	130元
⑧速算解題技巧	宋釗宜編譯	130元
⑨小論文寫作秘訣	林顯茂編譯	120元
⑩視力恢復！超速讀術	江錦雲譯	130元
⑪中學生野外遊戲	熊谷康編著	120元
⑫恐怖極短篇	柯素娥編譯	130元
⑬恐怖夜話	小毛驢編譯	130元
⑭恐怖幽默短篇	小毛驢編譯	120元
⑮黑色幽默短篇	小毛驢編譯	120元
⑯靈異怪談	小毛驢編譯	130元
⑰錯覺遊戲	小毛驢編譯	130元
⑱整人遊戲	小毛驢編譯	120元
⑲有趣的超常識	柯素娥編譯	130元
⑳哦！原來如此	林慶旺編譯	130元
㉑趣味競賽100種	劉名揚編譯	120元
㉒數學謎題入門	宋釗宜編譯	150元
㉓數學謎題解析	宋釗宜編譯	150元
㉔透視男女心理	林慶旺編譯	120元
㉕少女情懷的自白	李桂蘭編譯	120元
㉖由兄弟姊妹看命運	李玉瓊編譯	130元
㉗趣味的科學魔術	林慶旺編譯	150元
㉘趣味的心理實驗室	李燕玲編譯	150元
㉙愛與性心理測驗	小毛驢編譯	130元
㉚刑案推理解謎	小毛驢編譯	130元
㉛偵探常識推理	小毛驢編繹	130元

・健康天地・電腦編號18

①壓力的預防與治療	柯素娥編譯	130元
②超科學氣的魔力	柯素娥編譯	130元
③尿療法治病的神奇	中尾良一著	130元
④鐵證如山的尿療法奇蹟	廖玉山譯	120元
⑤一日斷食健康法	葉慈容編譯	120元
⑥胃部強健法	陳炳崑譯	120元
⑦癌症早期檢查法	廖松濤譯	130元

⑧老人痴呆症防止法	柯素娥編譯	130元
⑨松葉汁健康飲料	陳麗芬編譯	130元

•超現實心理講座• 電腦編號22

①超意識覺醒法	詹蔚芬編譯	130元
②護摩秘法與人生	劉名揚編譯	130元
③秘法！超級仙術入門	陸　明譯	150元

•心 靈 雅 集• 電腦編號00

①禪言佛語看人生	松濤弘道著	150元
②禪密教的奧秘	葉逯謙譯	120元
③觀音大法力	田口日勝著	120元
④觀音法力的大功德	田口日勝著	120元
⑤達摩禪106智慧	劉華亭編譯	150元
⑥有趣的佛教研究	葉逯謙編譯	120元
⑦夢的開運法	蕭京凌譯	130元
⑧禪學智慧	柯素娥編譯	130元
⑨女性佛教入門	許俐萍譯	110元
⑩佛像小百科	心靈雅集編譯組	130元
⑪佛教小百科趣談	心靈雅集編譯組	120元
⑫佛教小百科漫談	心靈雅集編譯組	150元
⑬佛教知識小百科	心靈雅集編譯組	150元
⑭佛學名言智慧	松濤弘道著	180元
⑮釋迦名言智慧	松濤弘道著	180元
⑯活人禪	平田精耕著	120元
⑰坐禪入門	柯素娥編譯	120元
⑱現代禪悟	柯素娥編譯	130元
⑲道元禪師語錄	心靈雅集編譯組	130元
⑳佛學經典指南	心靈雅集編譯組	130元
㉑何謂「生」　阿含經	心靈雅集編譯組	130元
㉒一切皆空　般若心經	心靈雅集編譯組	130元
㉓超越迷惘　法句經	心靈雅集編譯組	130元
㉔開拓宇宙觀　華嚴經	心靈雅集編譯組	130元
㉕真實之道　法華經	心靈雅集編譯組	130元
㉖自由自在　涅槃經	心靈雅集編譯組	130元
㉗沈默的教示　維摩經	心靈雅集編譯組	130元
㉘開通心眼　佛語佛戒	心靈雅集編譯組	130元
㉙揭秘寶庫　密教經典	心靈雅集編譯組	130元
㉚坐禪與養生	廖松濤譯	110元

㉛釋尊十戒	柯素娥編譯	120元
㉜佛法與神通	劉欣如編著	120元
㉝悟（正法眼藏的世界）	柯素娥編譯	120元
㉞只管打坐	劉欣如編譯	120元
㉟喬答摩・佛陀傳	劉欣如編著	120元
㊱唐玄奘留學記	劉欣如編譯	120元
㊲佛教的人生觀	劉欣如編譯	110元
㊳無門關（上卷）	心靈雅集編譯組	150元
㊴無門關（下卷）	心靈雅集編譯組	150元
㊵業的思想	劉欣如編著	130元
㊶		

•經 營 管 理•電腦編號01

◎創新經營六十六大計（精）	蔡弘文編	780元
①如何獲取生意情報	蘇燕謀譯	110元
②經濟常識問答	蘇燕謀譯	130元
③股票致富68秘訣	簡文祥譯	100元
④台灣商戰風雲錄	陳中雄著	120元
⑤推銷大王秘錄	原一平著	100元
⑥新創意・賺大錢	王家成譯	90元
⑦工廠管理新手法	琪　輝著	120元
⑧奇蹟推銷術	蘇燕謀譯	100元
⑨經營參謀	柯順隆譯	120元
⑩美國實業24小時	柯順隆譯	80元
⑪撼動人心的推銷法	原一平著	120元
⑫高竿經營法	蔡弘文編	120元
⑬如何掌握顧客	柯順隆譯	150元
⑭一等一賺錢策略	蔡弘文編	120元
⑮世界經濟戰爭	約翰・渥洛諾夫著	120元
⑯成功經營妙方	鐘文訓著	120元
⑰一流的管理	蔡弘文編	150元
⑱外國人看中韓經濟	劉華亭譯	150元
⑲企業不良幹部群相	琪輝編著	120元
⑳突破商場人際學	林振輝編著	90元
㉑無中生有術	琪輝編著	140元
㉒如何使女人打開錢包	林振輝編著	100元
㉓操縱上司術	邑井操著	90元
㉔小公司經營策略	王嘉誠著	100元
㉕成功的會議技巧	鐘文訓編譯	100元
㉖新時代老闆學	黃柏松編著	100元

㉗如何創造商場智囊團	林振輝編譯	150元
㉘十分鐘推銷術	林振輝編譯	120元
㉙五分鐘育才	黃柏松編譯	100元
㉚成功商場戰術	陸明編譯	100元
㉛商場談話技巧	劉華亭編譯	120元
㉜企業帝王學	鐘文訓譯	90元
㉝自我經濟學	廖松濤編譯	100元
㉞一流的經營	陶田生編著	120元
㉟女性職員管理術	王昭國編譯	120元
㊱ＩＢＭ的人事管理	鐘文訓編譯	150元
㊲現代電腦常識	王昭國編譯	150元
㊳電腦管理的危機	鐘文訓編譯	120元
㊴如何發揮廣告效果	王昭國編譯	150元
㊵最新管理技巧	王昭國編譯	150元
㊶一流推銷術	廖松濤編譯	120元
㊷包裝與促銷技巧	王昭國編譯	130元
㊸企業王國指揮塔	松下幸之助著	120元
㊹企業精銳兵團	松下幸之助著	120元
㊺企業人事管理	松下幸之助著	100元
㊻華僑經商致富術	廖松濤編譯	130元
㊼豐田式銷售技巧	廖松濤編譯	120元
㊽如何掌握銷售技巧	王昭國編著	130元
㊾一分鐘推銷員	廖松濤譯	90元
㊿洞燭機先的經營	鐘文訓編譯	150元
51ＩＢＭ成功商法	巴克・羅傑斯著	130元
52新世紀的服務業	鐘文訓編譯	100元
53成功的領導者	廖松濤編譯	120元
54女推銷員成功術	李玉瓊編譯	130元
55ＩＢＭ人才培育術	鐘文訓編譯	100元
56企業人自我突破法	黃琪輝編著	150元
57超級經理人	羅拔・海勒著	100元
58財富開發術	蔡弘文編著	130元
59成功的店舖設計	鐘文訓編著	150元
60靈巧者成功術	鐘文訓編譯	150元
61企管回春法	蔡弘文編著	130元
62小企業經營指南	鐘文訓編譯	100元
63商場致勝名言	鐘文訓編譯	150元
64迎接商業新時代	廖松濤編譯	100元
65透視日本企業管理	廖松濤　譯	100元
66新手股票投資入門	何朝乾　編	150元
67上揚股與下跌股	何朝乾編譯	150元

⑱股票速成學	何朝乾編譯	180元
⑲理財與股票投資策略	黃俊豪編著	180元
⑳黃金投資策略	黃俊豪編著	180元
㉑厚黑管理學	廖松濤編譯	180元
㉒股市致勝格言	呂梅莎編譯	180元
㉓透視西武集團	林谷燁編譯	150元
㉔推銷改變我的一生	柯素娥　譯	120元
㉕推銷始於被拒	盧媚琨　譯	120元
㉖巡迴行銷術	陳蒼杰譯	150元
㉗推銷的魔術	王嘉誠譯	120元
㉘60秒指導部屬	周蓮芬編譯	150元
㉙精鋭女推銷員特訓	李玉瓊編譯	130元
㉚企劃、提案、報告圖表的技巧	鄭　汶　譯	180元
㉛海外不動產投資	許達守編譯	150元
㉜八百件的世界策略	李玉瓊譯	150元
㉝服務業品質管理	吳宜芬譯	180元
㉞零庫存銷售	黃東謙編譯	150元
㉟三分鐘推銷管理	劉名揚編譯	150元
㊱推銷大王奮鬥史	原一平著	150元
㊲豐田汽車的生產管理	林谷燁編譯	元

・成 功 寶 庫・電腦編號02

①上班族交際術	江森滋著	100元
②拍馬屁訣竅	廖玉山編譯	110元
③一分鐘適應法	林曉陽譯	90元
④聽話的藝術	歐陽輝編譯	110元
⑤人心透視術	多湖輝著	100元
⑥克服逆境的智慧	廖松濤　譯	100元
⑦不可思議的人性心理	多湖輝　著	120元
⑧成功的人生哲學	劉明和　譯	120元
⑨求職轉業成功術	陳　義編著	110元
⑩上班族禮儀	廖玉山編著	120元
⑪接近心理學	李玉瓊編著	100元
⑫創造自信的新人生	廖松濤編著	120元
⑬卡耐基的人生指南	林曉鐘編譯	120元
⑭上班族如何出人頭地	廖松濤編著	100元
⑮神奇瞬間瞑想法	廖松濤編譯	100元
⑯人生成功之鑰	楊意苓編著	150元
⑰當一個享受成功的人	戴恆雄編著	100元
⑱潛在心理術	多湖輝　著	100元

⑲給企業人的諍言	鐘文訓編著	120元
⑳企業家自律訓練法	陳　義編譯	100元
㉑上班族妖怪學	廖松濤編著	100元
㉒猶太人縱橫世界的奇蹟	孟佑政編著	110元
㉓訪問推銷術	黃静香編著	130元
㉔改運的秘訣	吳秀美　譯	120元
㉕你是上班族中強者	嚴思圖編著	100元
㉖向失敗挑戰	黃静香編著	100元
㉗成功心理學	陳蒼杰　譯	100元
㉘墨菲成功定律	吳秀美　譯	130元
㉙機智應對術	李玉瓊編著	130元
㉚成功頓悟100則	蕭京凌編譯	130元
㉛掌握好運100則	蕭京凌編譯	110元
㉜知性幽默	李玉瓊編譯	130元
㉝熟記對方絕招	黃静香編譯	100元
㉞男性成功秘訣	陳蒼杰編譯	130元
㉟超越巔峯者	C・加菲爾德著	130元
㊱業務員成功秘方	李玉瓊編著	120元
㊲察言觀色的技巧	劉華亭編著	130元
㊳一流領導力	施義彥編譯	120元
㊴一流說服力	李玉瓊編著	130元
㊵30秒鐘推銷術	廖松濤編譯	120元
㊶猶太成功商法	周蓮芬編譯	120元
㊷尖端時代行銷策略	陳蒼杰編著	100元
㊸顧客管理學	廖松濤編著	100元
㊹如何使對方說Yes	程　羲編著	150元
㊺如何提高工作效率	劉華亭編著	150元
㊻企業戰術必勝法	黃静香編著	130元
㊼上班族口才學	楊鴻儒譯	120元
㊽上班族新鮮人須知	程　羲編著	120元
㊾如何左右逢源	程　羲編著	130元
㊿語言的心理戰	多湖輝著	130元
(51)扣人心弦演說術	劉名揚編著	120元
(52)八面玲瓏成功術	陳　義譯	130元
(53)如何增進記憶力、集中力	廖松濤譯	130元
(54)頂尖領導人物	陳蒼杰譯	120元
(55)性惡企業管理學	陳蒼杰譯	130元
(56)自我啟發200招	楊鴻儒編著	150元
(57)做個傑出女職員	劉名揚編著	130元
(58)靈活的集團營運術	楊鴻儒編著	120元
(59)必勝交涉強化法	陳蒼杰譯	120元

⑥⓪個案研究活用法	楊鴻儒編著	130元
⑥①企業教育訓練遊戲	楊鴻儒編著	120元
⑥②管理者的智慧	程　義編譯	130元
⑥③做個佼佼管理者	馬筱莉編譯	130元
⑥④智慧型說話技巧	沈永嘉編譯	130元
⑥⑤歌德人生箴言	沈永嘉編譯	150元
⑥⑥活用佛學於經營	松濤弘道著	150元
⑥⑦活用禪學於企業	柯素娥編譯	130元
⑥⑧詭辯的智慧	沈永嘉編譯	130元
⑥⑨幽默詭辯術	廖玉山編譯	130元
⑦⓪拿破崙智慧箴言	柯素娥編譯	130元
⑦①自我培育・超越	蕭京凌編譯	150元
⑦②深層心理術	多湖輝著	130元
⑦③深層語言術	多湖輝著	130元
⑦④時間即一切	沈永嘉編譯	130元
⑦⑤自我脫胎換骨	柯素娥譯	150元
⑦⑥贏在起跑點—人才培育鐵則	楊鴻儒編譯	150元
⑦⑦做一枚活棋	李玉瓊編譯	130元
⑦⑧面試成功戰略	柯素娥編譯	130元
⑦⑨自我介紹與社交禮儀	柯素娥編譯	130元
⑧⓪說NO的技巧	廖玉山編譯	130元
⑧①瞬間攻破心防法	廖玉山編譯	120元
⑧②改變一生的名言	李玉瓊編譯	130元
⑧③性格性向創前程	楊鴻儒編譯	130元
⑧④訪問行銷新竅門	廖玉山編譯	150元
⑧⑤無所不達的推銷話術	李玉瓊編譯	150元

・處世智慧・ 電腦編號03

①如何改變你自己	陸明編譯	90元
②人性心理陷阱	多湖輝著	90元
③面對面的心理戰術	多湖輝著	90元
④幽默說話術	林振輝編譯	120元
⑤讀書36計	黃柏松編譯	110元
⑥靈感成功術	譚繼山編譯	80元
⑦如何使人對你好感	張文志譯	110元
⑧扭轉一生的五分鐘	黃柏松編譯	100元
⑨知人、知面、知其心	林振輝譯	110元
⑩現代人的詭計	林振輝譯	100元
⑪怎樣突破人性弱點	摩　根著	90元
⑫如何利用你的時間	蘇遠謀譯	80元

⑬口才必勝術	黃柏松編譯	120元
⑭女性的智慧	譚繼山編譯	90元
⑮如何突破孤獨	張文志編譯	80元
⑯人生的體驗	陸明編譯	80元
⑰微笑社交術	張芳明譯	90元
⑱幽默吹牛術	金子登著	90元
⑲攻心說服術	多湖輝著	100元
⑳當機立斷	陸明編譯	70元
㉑勝利者的戰略	宋恩臨編譯	80元
㉒如何交朋友	安紀芳編著	70元
㉓鬥智奇謀（諸葛孔明兵法）	陳炳崑著	70元
㉔慧心良言	亦　奇著	80元
㉕名家慧語	蔡逸鴻主編	90元
㉖金色的人生	皮爾著	80元
㉗稱霸者啟示金言	黃柏松編譯	90元
㉘如何發揮你的潛能	陸明編譯	90元
㉙女人身態語言學	李常傳譯	100元
㉚摸透女人心	張文志譯	90元
㉛現代戀愛秘訣	王家成譯	70元
㉜給女人的悄悄話	妮倩編譯	90元
㉝行為語言的奧秘	歆夫編譯	110元
㉞如何開拓快樂人生	陸明編譯	90元
㉟驚人時間活用法	鐘文訓譯	80元
㊱成功的捷徑	鐘文訓譯	70元
㊲幽默逗笑術	林振輝著	120元
㊳活用血型讀書法	陳炳崑譯	80元
㊴心　燈	葉于模著	100元
㊵當心受騙	林顯茂譯	90元
㊶心・體・命運	蘇燕謀譯	70元
㊷如何使頭腦更敏銳	陸明編譯	70元
㊸宮本武藏五輪書金言錄	宮本武藏著	100元
㊹厚黑說服術	多湖輝著	90元
㊺勇者的智慧	黃柏松編譯	80元
㊻善意的心理騙術	多湖輝著	75元
㊼成熟的愛	林振輝譯	120元
㊽現代女性駕馭術	蔡德華著	90元
㊾禁忌遊戲	酒井潔著	90元
㊿自我表現術	多湖輝著	100元
51女性的魅力・年齡	廖玉山譯	90元
52摸透男人心	劉華亭編譯	80元
53如何達成願望	謝世輝著	90元

㊹創造奇蹟的「想念法」	謝世輝著	90元
㊺創造成功奇蹟	謝世輝著	90元
㊻男女幽默趣典	劉華亭譯	90元
㊼幻想與成功	廖松濤譯	80元
㊽反派角色的啟示	廖松濤編譯	70元
㊾現代女性須知	劉華亭編著	75元
㊿一分鐘記憶術	廖玉山譯	90元
61機智說話術	劉華亭編譯	100元
62如何突破內向	姜倩怡編譯	110元
63扭轉自我的信念	黃　翔編譯	100元
64讀心術入門	王家成編譯	100元
65如何解除內心壓力	林美羽編著	110元
66取信於人的技巧	多湖輝著	110元
67如何培養堅強的自我	林美羽編著	90元
68自我能力的開拓	卓一凡編著	110元
69求職的藝術	吳秀美編譯	100元
70縱橫交涉術	嚴思圖編著	90元
71如何培養妳的魅力	劉文珊編著	90元
72魅力的力量	姜倩怡編著	90元
73金錢心理學	多湖輝著	100元
74語言的圈套	多湖輝著	110元
75個性膽怯者的成功術	廖松濤編譯	100元
76人性的光輝	文可式編著	90元
77如何建立自信心	諾曼・比爾著	90元
78驚人的速讀術	鐘文訓編譯	90元
79培養靈敏頭腦秘訣	廖玉山編著	90元
80夜晚心理術	鄭秀美編譯	80元
81如何做個成熟的女性	李玉瓊編著	80元
82現代女性成功術	劉文珊編著	90元
83成功說話技巧	梁惠珠編譯	100元
84人生的真諦	鐘文訓編譯	100元
85妳是人見人愛的女孩	廖松濤編著	120元
86精神緊張速解法	F・查爾斯著	90元
87指尖・頭腦體操	蕭京凌編譯	90元
88電話應對禮儀	蕭京凌編著	90元
89自我表現的威力	廖松濤編譯	100元
90名人名語啟示錄	喬家楓編著	100元
91男與女的哲思	程鐘梅編譯	110元
92靈思慧語	牧　風著	110元
93心靈夜語	牧　風著	100元
94激盪腦力訓練	廖松濤編譯	100元

國立中央圖書館出版品預行編目資料

給地球人的訊息／柯素娥編譯　--初版　--臺北市
：大展，民83
面；　公分　--（超現實心靈講座；4）
ISBN 957-557-425-7（平裝）

1. 環境保護

445　　83000470

給地球人的訊息

ISBN 957-557-425-7

編 譯 者／柯　素　娥
發 行 人／蔡　森　明
出 版 者／大展出版社有限公司
社　　址／台北市北投區（石牌）
致遠一路二段12巷1號
電　　話／（02）8236031・8236033
傳　　眞／（02）8272069
郵政劃撥／0166955－1
登 記 證／局版臺業字第2171號

法律顧問／劉　鈞　男　律師
承 印 者／高星企業有限公司
裝　　訂／日新裝訂所
排 版 者／千賓電腦打字有限公司
電　　話／（02）8836052

初　　版／1994年（民83年）2月

定　　價／150元